Linde
Unfälle mit alternativ angetriebenen Fahrzeugen

Fachwissen Feuerwehr

W0197590

FACHWISSEN FEUERWEHR

Linde

UNFÄLLE MIT ALTERNATIV ANGETRIEBENEN FAHRZEUGEN

Bibliografische Informationen der Deutschen Nationalbibliothek

Die Deutsche Nationalbibliothek verzeichnet diese Publikation in der Deutschen Nationalbibliografie; detaillierte bibliografische Daten sind im Internet über <http://dnb.d-nb.de> abrufbar.

Bei der Herstellung des Werkes haben wir uns zukunftsbewusst für umweltverträgliche und wiederverwertbare Materialien entschieden.
Der Inhalt ist auf chlorfrei gebleichtes Papier gedruckt.

ISBN 978-3-609-62410-5

E-Mail: kundenbetreuung@hjr-verlag.de

Telefon: +49 89/2183-7928
Telefax: +49 89/2183-7620

© 2012 ecomed SICHERHEIT, eine Marke der Verlagsgruppe Hüthig Jehle Rehm GmbH
Heidelberg, München, Landsberg, Frechen, Hamburg

www.ecomed-storck.de

Dieses Werk, einschließlich aller seiner Teile, ist urheberrechtlich geschützt. Jede Verwertung außerhalb der engen Grenzen des Urheberrechtsgesetzes ist ohne Zustimmung des Verlages unzulässig und strafbar. Dies gilt insbesondere für Vervielfältigungen, Übersetzungen, Mikroverfilmungen und die Einspeicherung und Verarbeitung in elektronischen Systemen.

Satz: abavo GmbH, 86807 Buchloe
Druck: Kessler Druck + Medien, 86399 Bobingen

Vorwort

Das Ziel der Broschürenreihe „Fachwissen Feuerwehr" besteht darin, die Feuerwehrangehörigen mit dem Wissen auszustatten, das in der heutigen Zeit erforderlich ist, um aufgabengerecht und wirkungsvoll tätig zu werden.

Sie ist vorrangig für die Feuerwehrangehörigen vorgesehen, die erstmals in das Thema Feuerwehr „einsteigen" und für diejenigen, die sich ein solides Basiswissen aneignen möchten.

Die Broschüren sind typische Ausbildungsliteratur, sie können zur Lehrgangsvorbereitung und -begleitung genutzt werden. Das praktische Broschürenformat ermöglicht eine leichte Handhabung in der Praxis.

Die Funktionsbezeichnungen und personenbezogenen Begriffe gelten sowohl für weibliche als auch für männliche Feuerwehrangehörige.

Ein häufiges Einsatzszenario der Feuerwehr ist der Einsatz zur Menschenrettung nach schweren Verkehrsunfällen. Um bei diesen Einsätzen effektiv helfen zu können, müssen sich die Feuerwehren ständig in Bezug auf die aktuelle Fahrzeugtechnik auf dem neuesten Stand halten. Durch die zunehmende Verbreitung alternativer Antriebsarten wie Flüssiggas, Erdgas, Wasserstoff, Elektro und Elektrohybrid nimmt die Wahrscheinlichkeit zu, dass die Feuerwehr verstärkt auch mit Einsätzen konfrontiert wird, in die derartige Fahrzeuge involviert sind. Daher ist es zwingend erforderlich, dass sich die Feuerwehren auch mit dieser neuen Technik intensiv auseinandersetzen. Gerade diese Beschäftigung mit der neuen Technologie ist die beste Möglichkeit, möglichen Ängsten der Feuerwehrangehörigen vor den neuen Techniken entgegenzuwirken. Es wäre fatal, wenn es in Unkenntnis der Technik zu Fehleinschätzungen über mögliche Gefahren für die Einsatzkräfte und die betroffenen Fahrzeuginsassen kommen würde und dadurch eine Rettung unnötig verzögert würde. Ebenso sollte aber auch ausgeschlossen werden, dass durch falsche Einsatztaktiken Einsatzkräfte unnötigen Gefahren ausgesetzt werden.

Die vorliegende Broschüre ist in enger Zusammenarbeit mit den Fahrzeugherstellern sowie den Herstellern von Druckgasbehältern und Sicherheitseinrichtungen entstanden. Dadurch wird sichergestellt, dass die hier beschriebenen Techniken dem aktuellen Stand entsprechen.

Das Buch beschreibt die Technik der heute am Markt vertretenen Fahrzeuge mit alternativen Antriebsenergien wie Flüssiggas, Erdgas, Wasserstoff, Elektro und Elektrohybrid. Behandelt werden schwerpunktmäßig Personenkraftwagen. Nicht betrachtet werden alle möglichen Sonderfahrzeuge wie zum Beispiel mit Flüssiggas oder elektrisch betriebene Gabelstapler, innerbetriebliche Transportfahrzeuge, Sonder- und Versuchsfahrzeuge sowie eventuelle Selbstbauten.

Aufgrund des großen technischen Fortschritts auf diesem Gebiet sollte im Falle eines aktuellen Einsatzes immer auch das aktuelle Rettungsdatenblatt des Fahrzeugherstellers zurate gezogen werden, um eventuelle fahrzeugspezifische Sachverhalte in die Gefahrenbeurteilung mit einfließen zu lassen.

Das vorliegende Buch zeigt, dass unter Anwendung der bekannten taktischen Einsatzregeln, wie sie zum Beispiel in der Feuerwehrdienstvorschrift 100 niedergelegt sind, in Verbindung mit dem hier wiedergegebenen Fachwissen eine sachgerechte Gefahrenbeurteilung und damit sichere Abarbeitung dieser Einsätze möglich ist.

Korbach, im November 2012   Christof Linde

Inhalt

1 Einführung

Lange Zeit hatte der Käufer/Fahrer eines herkömmlichen Personenkraftwagens die Wahl zwischen zwei unterschiedlichen Antriebsarten. Er oder sie konnte wählen zwischen einem Pkw mit Ottomotor oder einem Pkw mit Dieselmotor. Die Entscheidung zwischen beiden Möglichkeiten war häufig eher emotional geprägt. Teilweise sprach das Argument der Betriebskosten unter Berücksichtigung von Jahreslaufleistung, Kurz-/Langstreckenbetrieb sowie erforderlicher Beschleunigung für den einen oder anderen Antrieb.

Beide Kraftstoffe sind Erdölprodukte und damit von der zunehmenden Verknappung dieses Rohstoffes betroffen. Damit begann die Suche nach alternativen Antriebskonzepten für den Massenmarkt Personenkraftwagen.

Es wurden zunächst Alternativen zu den Erdöl-basierten Kraftstoffen Benzin und Dieselöl gesucht, wobei die grundsätzliche Antriebstechnik – der Verbrennungsmotor (möglichst unverändert) – beibehalten wurde.

Zunächst fiel dabei der Blick auf den schon relativ lange bekannten Kraftstoff Flüssiggas. Flüssiggas ist eine Mischung aus den Gasen Propan und Butan. Im Gegensatz zu Deutschland war dieser Alternativkraftstoff in anderen Ländern schon wesentlich stärker verbreitet. Aufgrund der Tatsache, dass beim Verbrennungsmotor auf Basis von Benzin oder Diesel im Endeffekt ein zündfähiges Gas-Luft-Gemisch verbrannt wird und die dabei frei werdende Verbrennungsenergie in mechanische Vortriebsenergie (Antriebsenergie) umgesetzt wird, ist der grundsätzliche Unterschied bei der Verwendung von Flüssiggas vergleichsweise gering. Da Flüssiggas aber letztendlich ein Abfallprodukt aus der Erdölverarbeitung ist, stellt es keine grundsätzliche Alternative zum Erdöl dar. Es ermöglicht aber bisher nicht wirtschaftlich verwendbare Abfallprodukte für den Fahrzeugantrieb nutzbar zu machen.

Um ein vom Erdöl unabhängiges Antriebsmedium zu bekommen, aber trotzdem die bisherige Technik des Verbrennungsmotors beizubehalten, wurden andere brennbare Gase auf ihre Eignung für den Fahrzeugantrieb hin untersucht. Bei dieser Suche kam man auf das bisher für Heizzwecke genutzte Erdgas sowie auf Wasserstoffgas. Im Gegensatz zum Flüssiggas, welches sich schon bei vergleichsweise geringen Drücken verflüssigen lässt und damit relativ leicht gespeichert, umgefüllt und transportiert werden kann, ist dies bei Erdgas und Wasserstoffgas erheblich problematischer. Um Erdgas bzw. Wasserstoffgas zu verflüssigen, sind sehr viel höhere Gasdrücke erforderlich. Damit steigt der erforderliche technische Aufwand erheblich.

Hinweis: Wasserstoffgas als alternativer Kraftstoff für Verbrennungsmotoren findet zwischenzeitlich keine Anwendung mehr. Trotzdem wird im vorliegenden Werk mit einem speziellen Kapitel darauf eingegangen, da Wasserstoff als Energieträger für Brennstoffzellenantriebe, die dann letztendlich Elektroantriebe sind, eingesetzt wird.

Im Gegensatz zu den bisher betrachteten Alternativantrieben erfordert der Elektroantrieb eine grundsätzlich andere Technik als zum Beispiel Flüssiggas oder Erdgas. Nutzen diese Energieträger (bis auf leichte Modifizierungen) die identische Antriebsmaschine, den Verbrennungsmotor, so wird dieser beim Elektroantrieb durch einen Elektromotor ersetzt. Aufgrund seines Wirkungsgrades und seines einfachen mechanischen Aufbaus ist der Elektromotor ein ideales Antriebsmittel. Bei stationären Antrieben jeder Leistungsklasse steht der Elektromotor unangefochten an der Spitze. War dies bei mobilen Antrieben, wie eben dem Fahrzeugantrieb, bisher nicht der Fall, so lag dies an dem Problem der Energiespeicherung. Lange Zeit standen keine wirtschaftlich vertretbaren Akkumulatoren (aufladbare Batterien) zur Verfügung. Aufgrund intensiver Forschungsarbeit in diesem Bereich hat sich die Situation zwischenzeitlich deutlich verbessert. Damit findet auch der Elektroantrieb als alternativer Fahrzeugantrieb zunehmend Verbreitung. Der große Vorteil des Elektroantriebs liegt in der vielfältigen Möglichkeit der Primärenergiegewinnung wie zum Beispiel durch Windkraftwerke oder Solarstromerzeugung.

Betrachtet man die alternativen Fahrzeugantriebe unter geschichtlichen Gesichtspunkten, so kommt man als Feuerwehrangehöriger relativ schnell auf eine recht kuriose Erkenntnis, die in der heutigen aktuellen Diskussion durchaus lehrreich sein kann.

Die moderne Kraftfahrzeugtechnik nahm ihren Anfang mit der Erfindung des Ottomotors bzw. des Dieselmotors im ausgehenden 19. Jahrhundert durch Nikolaus Otto und Gottfried Diesel. An diesem rasanten technischen Fortschritt wollte auch die Feuerwehr teilhaben. Zunächst wurde der Fahrzeugantrieb von Pferdefuhrwerken auf Verbrennungsmotoren umgestellt. Dann wurde relativ schnell der Verbrennungsmotor als Antrieb für Feuerlöschkreiselpumpen sowie später auch als Antrieb von zum Beispiel „Kraftdrehleitern" eingesetzt.

Relativ schnell kam dann bei den schon damals sehr auf Sicherheit bedachten Führungskräften der Feuerwehr die Besorgnis auf, dass es eigentlich unter Sicherheitsgesichtspunkten nicht zu vertreten wäre, sich mit einem nicht unerheblichen Vorrat an brennbarer Flüssigkeit in die Nähe einer Brandstelle zu begeben. Dies führte dazu, dass man abweichend von der Entwicklung im normalen Fahrzeugbau bei Feuerwehrfahrzeugen zu Elektroantrieben wechselte. Entsprechende Fahrzeuge sind im Deutschen Feuerwehrmuseum in Fulda zu besichtigen. Aufgrund der damals nicht vorhandenen geeigneten Batterietechnologie wurde diese Entwicklung aber bald wieder eingestellt. Zudem zeigte die Erfahrung, dass die Gefahr wohl doch nicht so groß war. Verleitet uns die Besorgnis unserer Altvorderen heute eher zu einer gewissen Heiterkeit, so sollte man aber in diesem Zusammenhang der Besorgnis vieler Feuerwehrangehöriger in Bezug auf die Verwendung von alternativen Antriebskonzepten in modernen Kraftfahrzeugen Beachtung schenken.

Betrachtet man den derzeitigen Fahrzeugmarkt, so sind als marktfähige Produkte folgende alternative Antriebsarten zu finden:

- Flüssiggas
- Erdgas
- Wasserstoffgas (verflüssigt oder unter hohem Druck verdichtet)
- Elektroantrieb
- Hybridantrieb (zum Beispiel Kombinationen aus Ottomotor und Elektroantrieb)

Abbildung 1: Historische Drehleiter mit Elektroantrieb (Quelle: Deutsches Feuerwehrmuseum, Fulda)

Hinweis: Da es sich bei vielen Flüssiggas-Fahrzeugen um umgerüstete herkömmliche mit Ottomotor angetriebene PKW handelt, haben diese in der Regel nach wie vor parallel die Möglichkeit auf den Otto-Motorantrieb umzuschalten. Obwohl diese Fahrzeuge zwei Kraftstoffarten haben, so nutzen sie dennoch ein und denselben Motor. Aus diesem Grund findet der Begriff des Hybridantriebs in diesem Zusammenhang in der vorliegenden Broschüre keine Verwendung.

2 Rettungsdatenblatt

Sind auch die grundsätzlichen taktischen Vorgehensweisen der Feuerwehr sowie der Rettungsdienste bei Kfz-Unfällen mit notwendiger Menschenrettung unabhängig vom individuellen Fahrzeugtyp, so sind in zunehmendem Maße doch fahrzeugspezifische Maßnahmen zu treffen.

Eine der ersten durchzuführenden Maßnahmen ist häufig das Abklemmen der 12-V-Fahrzeugbatterie. Es ist somit für die eingesetzten Kräfte von elementarer Bedeutung, ob das betroffene Fahrzeug wie früher üblich über eine 12-V-Fahrzeugbatterie verfügt, oder wie bei moderneren Fahrzeugen häufiger anzutreffen, eventuell über zwei Fahrzeugbatterien. Ist eine der beteiligten Einsatzkräfte beruflich im Bereich der Kfz-Reparatur tätig, so besteht eine gewisse Chance, dass dieser Sachverhalt bezüglich des betroffenen Kraftfahrzeuges bekannt ist und daher auch die zweite Fahrzeugbatterie gefunden wird, um diese dann ebenfalls vom Bordnetz zu trennen. Gleiches gilt für eventuell vorhandene Treibsätze der unterschiedlichen Varianten von Airbagsystemen.

Diese Beispiele lassen sich beliebig fortsetzen, bis hin zu der Gruppe von Fahrzeugen, die in diesem Buch behandelt werden. Fahrzeuge mit alternativen Antrieben verfügen im Vergleich zu herkömmlichen Fahrzeugen über eine deutlich größere Zahl von sicherheitsrelevanten Komponenten, denen der Einsatzleiter im Rahmen seiner Erkundungstätigkeit Aufmerksamkeit widmen muss. Wenn schon bei herkömmlichen Kraftfahrzeugen eine schwer überschaubare Vielfalt von Fahrzeugkomponenten existieren kann, deren Einbauort im Rahmen der Rettungstätigkeit von Bedeutung ist, so trifft dies mit Sicherheit auch auf Fahrzeuge mit alternativen Antrieben zu, zumal hier vielfach Fahrzeuge existieren, die über mehr als eine Antriebskomponente bzw. mehr als einen dafür notwendigen Energiespeicher verfügen. Insbesondere bei Fahrzeugen mit mehreren Antriebskomponenten sind die Einbauorte der betroffenen Teile sehr unterschiedlich und teilweise auch an für den fahrzeugtechnischen Laien – wovon bei Einsätzen von Feuerwehr und Rettungsdienst zunächst ausgegangen werden muss – nicht zu erwartenden Einbauorten. Als zusätzliche Problematik muss ebenfalls bewertet werden, dass im Zuge des immer häufigeren Modellwechsels der Fahrzeughersteller eine unüberschaubare Vielfalt von Ausführungsvarianten im Straßenverkehr zu finden ist.

Damit wird es für den Einsatzleiter völlig unüberschaubar, auf welche Punkte im Rahmen der Rettungsmaßnahmen hier Rücksicht genommen werden muss. Ohne fahrzeugspezifische Informationsquellen besteht für den Einsatzleiter keine Möglichkeit, hier optimal und zeiteffektiv zu erkunden und zu beurteilen. Dieser Sachverhalt ist schon seit Längerem bekannt. Es wurde daher von einem Automobilclub in Zusammenarbeit mit der Automobilindustrie das System der sogenannten Rettungskarten entwickelt.

Die Fahrzeughersteller liefern zu jedem Fahrzeug eine typenspezifische Rettungskarte. Diese Rettungskarte enthält eine Seitenansicht und eine Draufsicht des jeweiligen Kraftfahrzeuges und darin eingezeichnet die räumliche Lage sämtlicher sicherheitsrelevanter Teile. Dies umfasst zum Beispiel die Fahrzeugbatterie und die unterschiedlichen Einbauorte der diversen, im Fahrzeug verbauten Treibsätze von Airbagsystemen. Ebenso sind die Lage des Kraftstofftanks oder soweit vorhanden der Hochdruckklimaanlagen eingezeichnet.

Im Rahmen verschiedenster Aktionen werden Fahrzeughalter angehalten, sich die für ihren Wagen angefertigte Rettungskarte aus dem Internet herunterzuladen und in ausgedruckter Form hinter der Sonnenblende auf der Fahrerseite für den Fall eines Unfalles zu deponieren. Dadurch soll es dem Einsatzleiter im Falle eines Verkehrsunfalls erleichtert werden, die entsprechende Rettungskarte schnell zu finden. In der Anfangsphase mag die entsprechende Rettungskarte am vorgesehenen Ort hinterlegt sein. Im Rahmen von Reinigungsaktionen, die irgendwann auch die Sonnenblende betreffen, wandert die Rettungskarte an die unterschiedlichsten Stellen im Fahrzeug. Dies hat zur Folge, dass nach einem Unfall diese für den Einsatzleiter der Feuerwehr nicht auffindbar ist. Grundsätzlich besteht für den Einsatzleiter auch die Möglichkeit, sich im Falle eines Einsatzes unmittelbar die jeweils den einzelnen Fahrzeugen zugehörige Rettungskarte aus dem Internet herunterzuladen (soweit cr an der Einsatzstelle über einen passenden Internetzugang verfügt) oder diese über die Zentrale Leitstelle anzufordern.

Dies setzt jedoch voraus, dass der Einsatzleiter in der Lage ist, bei einem Unfall-bedingt erheblich deformierten Kraftfahrzeug zu erkennen, um welchen Typ und um welches Baujahr (sprich um welche Baureihe) es sich im vorliegenden Fall handelt. Vollkommen versagt diese Variante, wenn es sich bei dem Fahrzeug zum Beispiel um ein nachträglich mit Flüssiggasantrieb ausgerüstetes Kraftfahrzeug handelt. Dieser nachträgliche Einbau wird sich verständlicher-weise in der Rettungskarte des Fahrzeugherstellers nicht wiederfinden.

Um diesem Sachverhalt Rechnung zu tragen, wurde zwischen Kraftfahrtbun-desamt und den Automobilherstellern ein erweitertes System der Rettungs-datenblätter vereinbart. Ist dem Kraftfahrtbundesamt ein Kfz-Kennzeichen bekannt, so ist es möglich über die Fahrzeuganmeldedaten, Modell und Baujahr des betroffenen Fahrzeugs eindeutig zu identifizieren. Selbst Fahr-zeugumbauten sind, soweit sie zulassungspflichtig sind, dort vermerkt. Damit bestünde die Möglichkeit für den Einsatzleiter, sobald ihm das Kennzeichen des verunfallten Kraftfahrzeuges bekannt ist, über das Kraft-fahrtbundesamt die notwendigen Informationen zu erhalten.

Im Auftrag des Verbandes der deutschen Automobilindustrie (VDA) sowie des Verbands der Internationalen Kraftfahrzeughersteller e. V. (VDIK) hat die Deutsche Automobil Treuhand GmbH (DAT) eine lokale IT-Anwendung zur Bereitstellung originaler Rettungsdatenblätter für Einsatzkräfte von Rettungsdienst und Feuerwehr bereitgestellt. Dieses als SilverDAT-FRS bezeichnete System ermöglicht registrierten und legitimierten Benutzern eine ad-hoc-Abfrage des jeweils aktuellen Rettungsdatenblattes für ein spezifi-sches Fahrzeug anhand eines Fahrzeugsuchbaums oder der Eingabe einer eindeutigen Datenblatt-ID.

Rettungsleitstellen haben darüber hinaus die Möglichkeit, über eine Daten-verbindung des SilverDAT-FRS-Systems auf den Dienst des KBA zuzugreifen. Damit wird unter Eingabe des Kfz-Kennzeichens das Fahrzeug exakt bestimmt und das Rettungsdatenblatt aus dem SilverDAT- FRS-System abgerufen. Als weiteres Ergebnis erhält der Nutzer einen Hinweis, wenn es sich um ein Fahrzeug mit alternativen Kraftstoffen handelt. Das heißt, wenn die Leitstelle der Feuerwehr im Rahmen der Notrufabfrage auch das Kfz-Kennzeichen eines verunfallten Kfz erfragen kann, so kann bei der Anfahrt der Einsatzkräfte bereits festgestellt werden, ob es sich um ein Fahrzeug mit alternativem Antrieb handelt.

Durch die Zusammenarbeit mit der Automobilindustrie wird sichergestellt, dass in der DAT-Datenbank ständig die aktuellen Rettungsdatenblätter der Hersteller zur Verfügung stehen, die per Internetverbindung des SilverDAT-FRS ständig aktualisiert werden können.

Für die Nutzung der Kennzeichenabfrage beim Kraftfahrtbundesamt wird immer eine Internetanbindung benötigt.

Es sollte daher zukünftig jedem Einsatzleiter möglich sein- soweit das Kfz-Kennzeichen des verunfallten Fahrzeuges noch zu rekonstruieren ist -,an der Einsatzstelle zeitnah auf die sicherheitsrelevanten Fahrzeugdaten zuzugreifen, um diese für eine wirksame und effektive Erkundung, Beurteilung und Einsatzplanung zu nutzen.

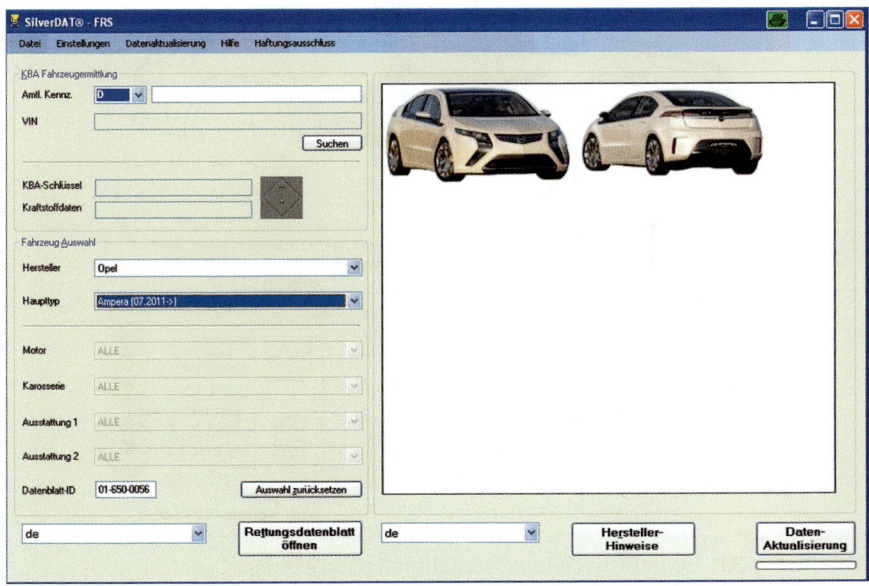

Abbildung 2: Screenshot SilverDAT-FRS-Anwendung (Quelle: DAT)

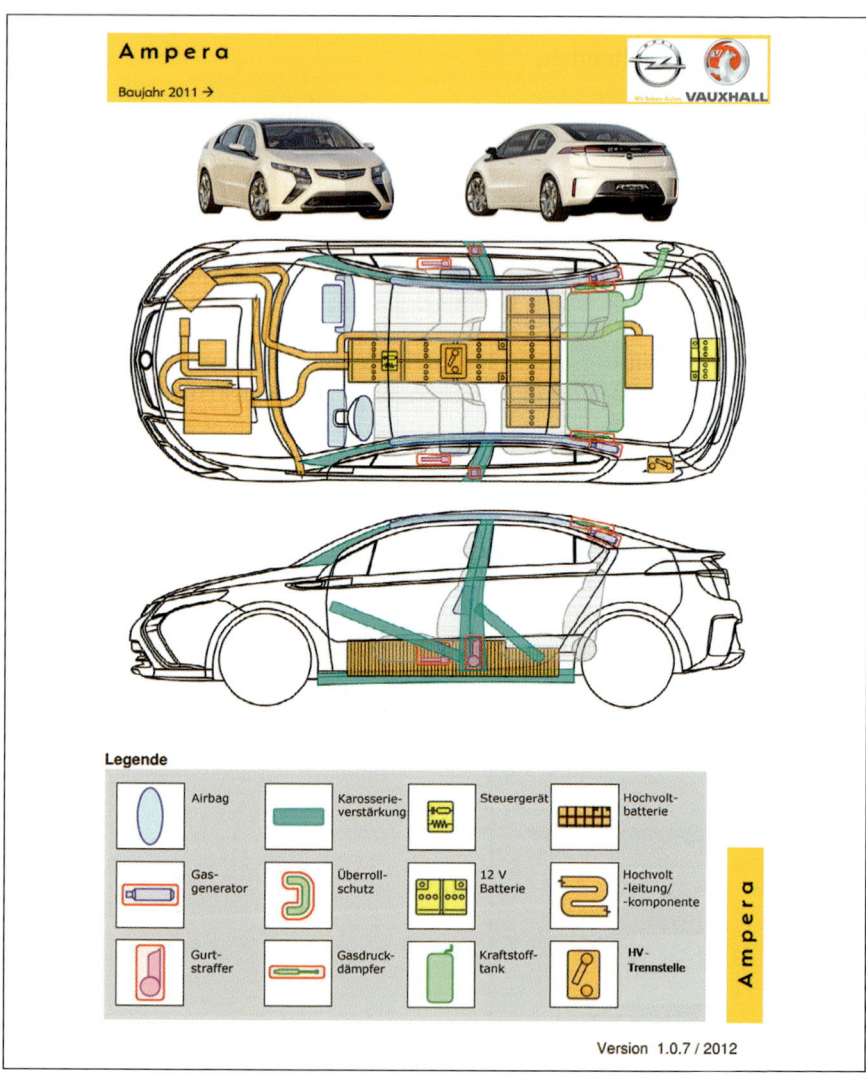

Abbildung 3a: Feuerwehr-Rettungsdatenblatt (Quelle: Adam Opel AG)

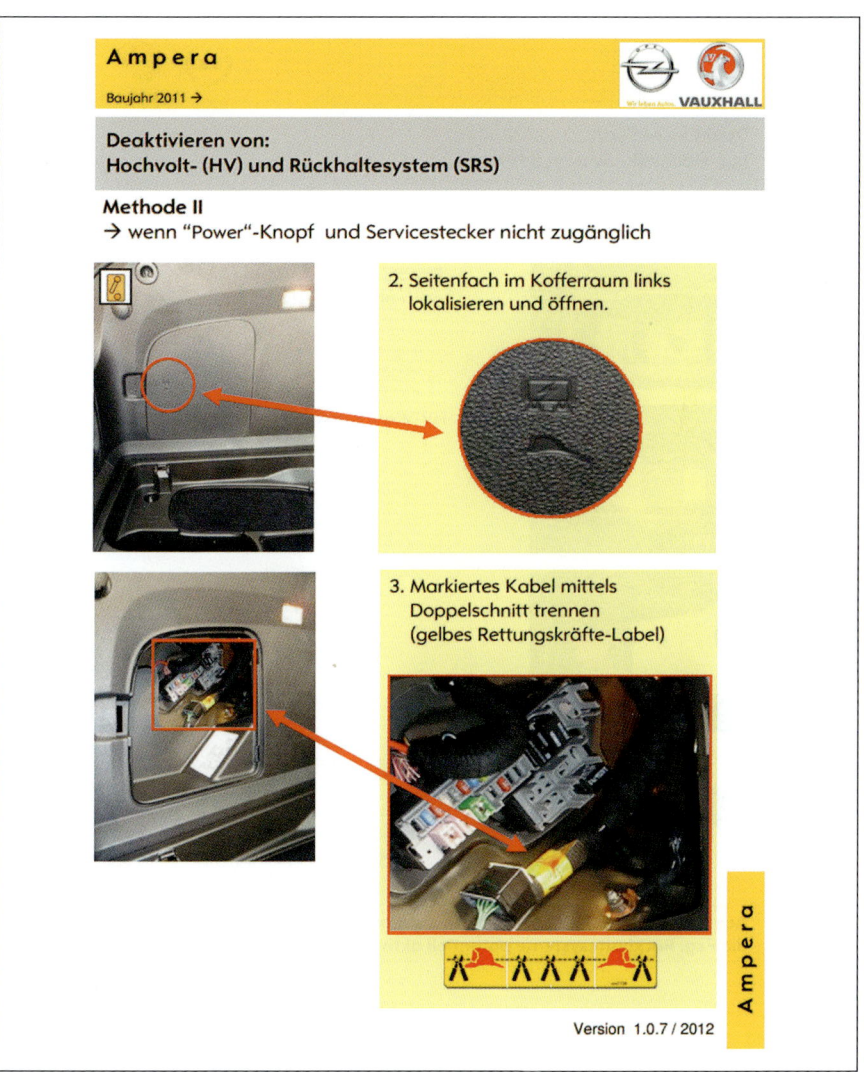

Abbildung 3b: Feuerwehr-Rettungsdatenblatt (Quelle: Adam Opel AG)

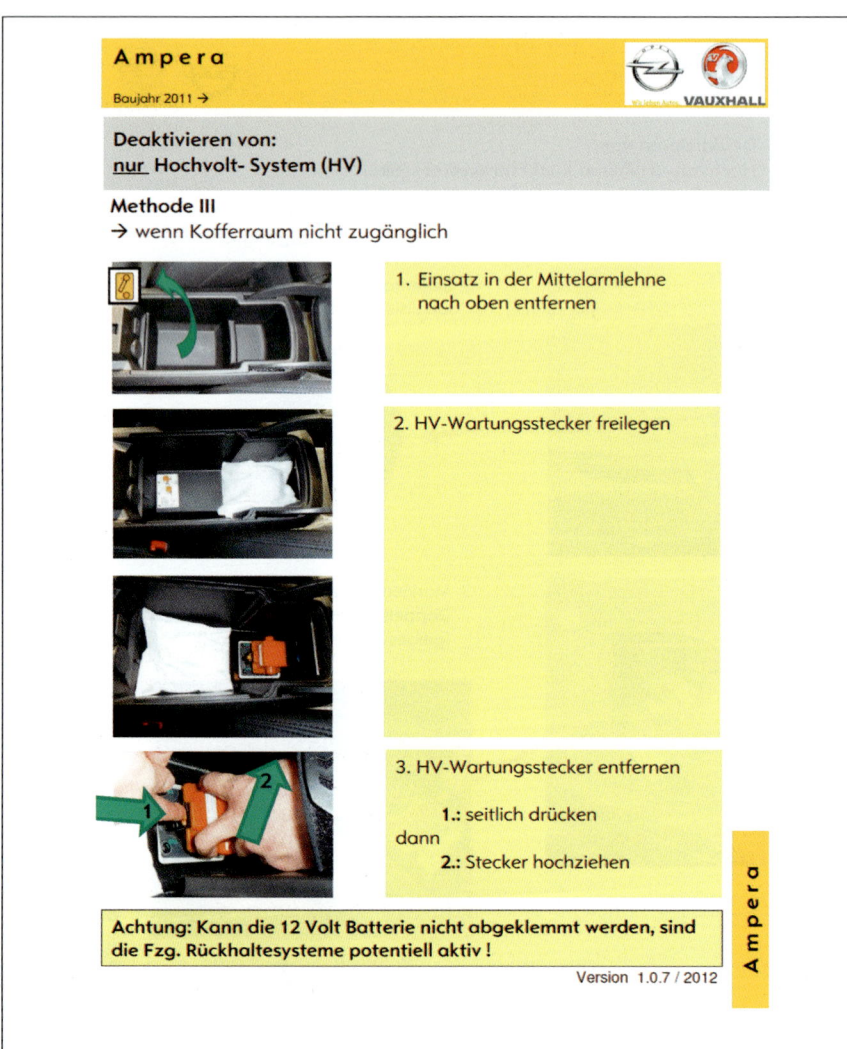

Ampera

Baujahr 2011 →

Deaktivieren von:
nur Hochvolt- System (HV)

Methode III
→ wenn Kofferraum nicht zugänglich

1. Einsatz in der Mittelarmlehne nach oben entfernen

2. HV-Wartungsstecker freilegen

3. HV-Wartungsstecker entfernen

    1.: seitlich drücken
dann
    2.: Stecker hochziehen

Achtung: Kann die 12 Volt Batterie nicht abgeklemmt werden, sind die Fzg. Rückhaltesysteme potentiell aktiv !

Version 1.0.7 / 2012

Ampera

Abbildung 3c: Feuerwehr-Rettungsdatenblatt (Quelle: Adam Opel AG)

2.1 Selbstkontrolle und Testfragen

(Lösungen siehe Seite 96)

1. Welche Aussagen über den Lagerort von Rettungsdatenblättern sind richtig?

a) Rettungsdatenblätter sollen hinter der Sonnenblende auf der Fahrerseite deponiert werden.

b) Für die Aufbewahrung der Rettungsdatenblätter im Kraftfahrzeug befindet sich ein besonderes Fach in der rechten Seitentür.

c) Im Rahmen der Hauptuntersuchung wird auch das Vorhandensein des Rettungsdatenblatts geprüft.

2. Welche Aussagen über Rettungsdatenblätter sind richtig?

a) Die Feuerwehren sind verpflichtet, für jeden Fahrzeugtyp das entsprechende Rettungsdatenblatt vorzuhalten.

b) Die Zentralen Leitstellen sind verpflichtet, für jeden Fahrzeugtyp das entsprechende Rettungsdatenblatt vorzuhalten und auf Nachfrage der Feuerwehr zur Verfügung zu stellen.

c) Die Kraftfahrzeughersteller unterhalten eine zentrale Plattform für Rettungsdatenblätter, auf die die Bedarfsträger über das Internet zugreifen können.

d) Die DAT betreibt im Auftrag der Automobilindustrie ein Datenportal, über das registrierte Bedarfsträger anhand des Kennzeichens Typ und Baujahr des Fahrzeuges sowie eventuelle zulassungspflichtige Nachrüstungen feststellen können.

3. Welche Aussagen über Rettungsdatenblätter sind richtig?

a) Die Fahrzeughersteller geben für unterschiedliche Fahrzeugmodelle, die aber ähnliche Einbauten haben, ein gemeinsames Rettungsdatenblatt für alle Fahrzeuge heraus.

b) Die Fahrzeughersteller geben für jeden Fahrzeugtyp ein eigenes spezielles Rettungsdatenblatt heraus.

c) Die Verwendung des Rettungsdatenblatts durch Einsatzkräfte der Feuerwehr erfordert eine spezielle Schulung.

4. Welche Aussagen über den taktisch richtigen Einsatz der Rettungsdatenblätter treffen zu?

a) Die Auswertung der Informationen des Rettungsdatenblattes ist nur bei Fahrzeugen mit alternativen Antrieben erforderlich.

b) Wenn möglich, sollte der Einsatzleiter bei Verkehrsunfällen mit Kraftfahrzeugen immer auch auf das Rettungsdatenblatt für den betroffenen Fahrzeugtyp zurückgreifen.

c) Die Auswertung der Informationen des Rettungsdatenblattes ermöglicht dem Einsatzleiter zu erkennen, ob ein Fahrzeug z.B. über eine zweite zusätzliche 12-V-Batterie verfügt.

3 Flüssiggas

Flüssiggas (Autogas/Liquefied Petroleum Gas (LPG)) ist ein Gemisch aus den Kohlenwasserstoffverbindungen Propan (C_3H_8) und Butan (C_4H_{10}). Diese Stoffe treten unter Normbedingungen (20° Umgebungstemperatur und 1013 mbar) gasförmig auf. Flüssiggas tritt bei der Erdgas- und Erdölförderung als „nasses Bohrgas" auf. Früher wurde dieses unerwünschte Nebenprodukt wegen der fehlenden wirtschaftlichen Nutzung in der Regel abgefackelt. Weiter entsteht Flüssiggas in der Raffinerie als Nebenprodukt, zum Beispiel bei der Benzin- und Dieselerzeugung. Auch hier bestand lange Zeit keine Möglichkeit der wirtschaftlichen Nutzung, sodass man häufig ebenfalls zum Abfackeln gezwungen war. Mit der zunehmenden wirtschaftlichen Nutzbarkeit hat sich dies selbstverständlich geändert.

Flüssiggas hat einen relativ hohen Siedepunkt von −0,5 °C für reines Butan sowie −42 °C für reines Propan und wird bereits bei einem Druck von 5–10 bar (abhängig vom Mischungsverhältnis) flüssig. Das Verhältnis Propan zu Butan kann zwischen einem Bereich von 95:5 bis zu 30:70 variieren. Da das Mischungsverhältnis in erster Linie die Verdampfungstemperatur bzw. die erforderliche Verdampfungsenthalpie beeinflusst, wird in der Regel als „Sommermischung" ein Verhältnis von 40:60 Propan/Butan und als „Wintermischung" ein Verhältnis von 60:40 Propan/Butan vertrieben. Aufgrund dieser Eigenschaften wird Flüssiggas, wie der Name es vermuten lässt, praktisch ausschließlich in flüssiger Form gespeichert und transportiert. Zur Verbrennung ist dann wieder die Verdampfung zu einem brennbaren Gas erforderlich.

Flüssiggas hat im unter Druck verflüssigten Zustand eine spezifische Dichte von ca. 0,54 kg/l. Unter Umgebungsbedingungen (20 °C und 1013 mbar) hat Flüssiggas eine relative Dichte von 1,55 für reines Propan bis 2,11 für reines Butan (relative Dichte von Luft = 1). Damit ist Flüssiggas im gasförmigen Zustand schwerer als Luft!

Mit einem mittleren Heizwert von ca. 6,9 kWh/l liegt Flüssiggas geringfügig unter dem Heizwert von normalem Vergaserkraftstoff.

Der Explosionsbereich von expandiertem Flüssiggas in Luft liegt zwischen ca. 2 Vol.% und 10 Vol.%. Die Zündtemperatur liegt bei etwa 460 °C.

3.1 Technischer Aufbau

Mit Flüssiggas angetriebene Kraftfahrzeuge nutzen als Antriebsaggregat ebenso wie herkömmliche PKW einen Ottomotor. Da sich ein Flüssiggas-Luft-Gemisch nicht zur Selbstzündung wie im Dieselmotor eignet, werden ausschließlich fremd gezündete Ottomotoren für den Einsatz auf Flüssiggas umgerüstet. Der grundsätzliche Vorgang der Energiegewinnung ist unabhängig vom verwendeten Kraftstoff identisch.

Die häufigste Verbreitung hat dabei die Injektion von LPG in gasförmiger Phase. Dazu wird das unter dem natürlichen Dampfdruck stehende LPG aus dem Tank einem Verdampfer zugeführt, welcher in der Regel im Motorraum sitzt. In der Mehrheit der Fälle wird dieser über das Kühlmittel des Motors beheizt und verdampft dabei das LPG. Aufgrund der zunächst zu geringen Kühlmitteltemperatur starten entsprechende LPG-Fahrzeuge im Benzinbetrieb und schalten nach Erreichen einer ausreichenden Kühlmitteltemperatur auf LPG-Betrieb um. Eine im Verdampfer integrierte Druckregelstufe gewährleistet dabei den gewünschten Injektionsdruck (ca. 2 bar). Mit diesem wird das gasförmige LPG den Injektoren am Ansaugtrakt zugeführt und dort über ein Motorsteuergerät kontrolliert zylindersequenziell injiziert/eingeblasen. Aufgrund des notwendigen Kaltstart-Benzinbetriebes ist ein entsprechendes Benzin-Kraftstoffsystem bei derartigen Fahrzeugen weiterhin an Bord.

Ältere Systeme, wie z.B. Venturi-Systeme, finden in Deutschland keine Anwendung mehr, da mit diesen neuere Anforderungen, wie z.B. die geltenden Abgasvorschriften, kaum mehr zu erfüllen sind.

Weniger verbreitet ist die Flüssigeinspritzung von LPG in das Saugrohr. Dabei entfällt der Verdampfer, jedoch wird zur Gewährleistung eines zuverlässigen Einspritzdruckes eine LPG-Flüssigkraftstoffpumpe im Tank verwendet. Derartige Systeme sind grundsätzlich kaltstarttauglich. Obwohl technisch nicht mehr notwendig, werden aus Gründen der Tankstellen-Infrastruktur auch hier in der Regel weiterhin Benzin-Kraftstoffsysteme für den wahlweisen Betrieb in den Fahrzeugen vorgefunden.

Neben der genannten Saugrohr-Injektion ist die zylindersequenzielle Direkteinspritzung von flüssigem LPG in den Brennraum des Verbrennungsmotors in der Entwicklung, jedoch noch nicht in Serie verwirklicht.

Die Fahrzeuge benötigen für die Speicherung des Flüssiggases einen entsprechenden Druckbehälter. In diesem Behälter wird das Flüssiggas, wie der Name schon sagt, in flüssiger Form gespeichert. Abhängig davon, ob es sich um ein nachgerüstetes Fahrzeug oder um ein bereits vom Hersteller für den Betrieb mit Flüssiggas ausgerüstetes Fahrzeug handelt, unterscheiden sich die Vorratsbehälter in Bezug auf ihren Einbauort und ihre Größe.

Abbildung 4: Flüssiggastank Ersatzradmuldeneinbau (Quelle: AFE-tec, Sinzig)

Abbildung 5: Flüssiggastank, Zylindertank (Quelle: AFE-tec, Sinzig)

Bei nachgerüsteten Fahrzeugen befindet sich der Druckgasbehälter häufig in der Ersatzradmulde oder im Kofferraum als Zylindertank, wenn der Fahrzeughalter mit dem Verlust an Stauraum einverstanden ist. Sind die Fahrzeuge bereits vom Hersteller auf den Betrieb von Flüssiggas ausgerüstet, so befinden sich die Druckgasbehälter häufig unterhalb des Fahrzeuges in geschützter Position, vergleichbar der Lage des Kraftstoffbehälters bei herkömmlichen Fahrzeugen. Zum Befüllen der Behälter befindet sich an geeigneter Stelle, häufig parallel zum Tankfüllstutzen hinter der Tankklappe, ein entsprechender Anschluss, der über eine Leitung mit dem eigentlichen Druckgasbehälter verbunden ist.

Abbildung 6: Flüssiggas Befüllanschluss in Tank-klappe (Quelle: Linde)

Vom Druckgasbehälter selbst geht eine entsprechende Leitung in den Motorraum.

Um die Sicherheit dieser Anlagen gewährleisten zu können, verfügen diese Fahrzeuge über entsprechende Sicherheitseinrichtungen. Grundsätzlich unterliegen alle Komponenten, die zur Flüssiggasanlage gehören, den Regelungen ECE-R 67 für LPG-Systeme und Fahrzeuge der Hersteller sowie der ECE-R115 für Nachrüster.

In den LPG-Tank ist dabei in der Regel ein sogenanntes Multiventil eingebaut, über welches einerseits die Betankung stattfindet und andererseits die Versorgung des Motors gewährleistet wird. Beim Befüllen werden jeweils ein Rückschlagventil am Einfüllanschluss und im Multiventil überströmt, welche das Rückströmen verhindern. Dabei gewährleistet das Multiventil eine Absperrung der Befüllung bei einem Füllstand von 80 %, um ein ausreichendes Dampfvolumen im Tank für thermische Ausdehnungen zu gewährleisten. Die Versorgung zum Motor erfolgt in der Regel über ein elektromagnetisches Ventil als Teil des Multiventils sowie ggf. am Verdampfer. Beide Elektromagnetventile sind stromlos geschlossen, was zutrifft, wenn das Fahrzeug im wahlweisen Benzinbetrieb gefahren wird, abgestellt ist oder über seine Beschleunigungssensoren ein Unfallszenario feststellt. Ebenso ist das Ventil nach Abklemmen der 12-V-Versorgung geschlossen.

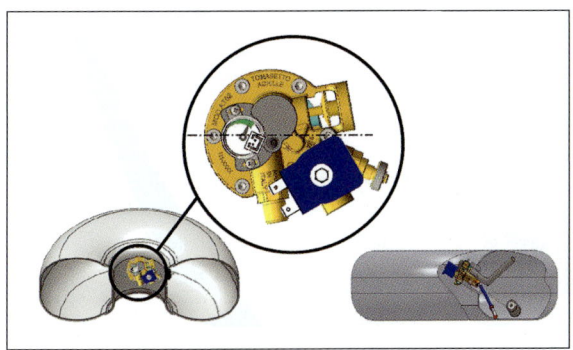

Abbildung 7: Einbausituation Multiventil in Reserveradmuldentank (Quelle: Tomasetto Achille Spa)

Ebenfalls im Multiventil findet sich eine Überdrucksicherung und ggf. eine Übertemperatursicherung. Die Überdrucksicherung spricht bei ca. 28 bar an und schließt – da federbelastet – beim Abfallen des Tankdruckes durch Abströmen (nach außen) wieder ab. Damit bleibt der LPG-Tank weiterhin unter Druck, sodass das sofortige Sieden der gesamten LPG-Füllung mit einer unmittelbaren, erheblichen Volumenzunahme vermieden wird (diese wäre ca. das 273-fache des vorher flüssigen Kraftstoffvolumens = Boiling Liquid Expanding Vapor Explosion = BLEVE).

Lediglich die Temperaturabsicherung öffnet bei Ansprechen – in der Regel im Brandfall – den Tank permanent, wobei der Auslegung dieser Sicherung (Kalibrierung der Ausströmöffnung) eine besondere Bedeutung zukommt, damit der Tankinhalt beim Fahrzeugbrand kontrolliert ausströmt und abbrennt, ohne jedoch zu einer BLEVE zu führen.

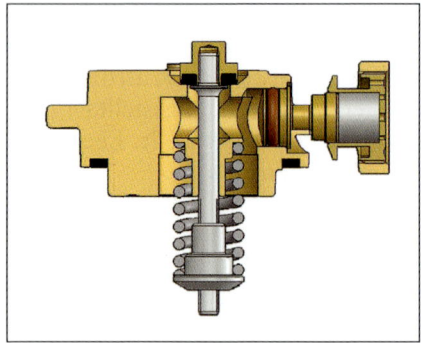
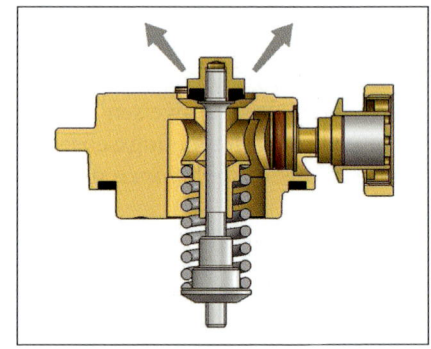

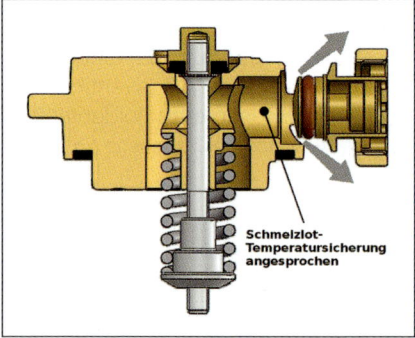

Abbildung 8: Multiventil Betriebs-
zustand (links oben)
(Quelle: Tomasetto Achille Spa)

Abbildung 9: Multiventil Überdrucksicherung angesprochen (rechts oben)
(Quelle: Tomasetto Achille Spa)

Abbildung 10: Multiventil Temperatursicherung angesprochen (unten)
(Quelle: Tomasetto Achille Spa)

Hinweis: Grundsätzlich befindet sich neben dem eigentlichen Druckbehälter ebenfalls in der Leitung vom Tankstutzen bis zum Behälter sowie in der
Versorgungsleitung vom Behälter zum Regler Flüssiggas in flüssiger Form,
das bei Beschädigungen entweichen kann. Durch die geringe Menge ist
dies vernachlässigbar.

In der Regel befinden sich bei in Deutschland zugelassenen oder nachträglich
umgerüsteten Flüssiggasfahrzeugen im Bereich des Druckbehälters folgende
Sicherheitseinrichtungen:

- Füllventil mit Rückschlagventil
- Elektromagnetisch betätigtes Entnahmeventil mit zusätzlicher manueller Handabsperrung am Multiventil am Tank
- Automatische Überfüllsicherung, die bei einem Füllstand von 80 % des Tankvolumens die Befüllung beendet
- Füllstandanzeiger mit einer Anzeige des Behälterinhaltes
- Behälter-Sicherheitsventil, Ansprechdruck von ca. 27 bar mit Sitz im LPG-Dampfvolumen des Tanks (Dieses Sicherheitsventil schließt automatisch bei Unterschreiten des Ansprechdrucks, d.h. bei Ansprechen dieses Ventils wird nicht automatisch der gesamte Tankinhalt abgeblasen.)
- evtl. Thermosicherung

Bei ausländischen Fahrzeugen können sich Abweichungen in Bezug auf die verbauten Sicherheitseinrichtungen ergeben. Abweichend vom PKW-Bereich besteht im LKW-Bereich die Möglichkeit der Kombination von Dieselmotor und Flüssiggasantrieb. Bei diesen Fahrzeugen wird ein Gemisch aus Diesel-kraftstoff und Flüssiggas (Verhältnis 20 : 80) in den Motor eingespritzt. Derartige Umbauten sind vergleichsweise selten anzutreffen.

3.2 Taktische Maßnahmen

Da Fahrzeuge mit alternativen Antrieben, insbesondere bei nachgerüsteten Flüssiggasanlagen, nicht von vornherein als solche erkannt werden können, erfolgt ein grundsätzliches Vorgehen gemäß Feuerwehrdienstvorschrift 100!

Hiernach erfolgt die Anfahrt zunächst in der Form, dass das erste eintreffen-de Einsatzfahrzeug in einem ausreichenden Sicherheitsabstand auf Weisung des Fahrzeugführers anhält, worauf dieser eine erste Erkundung durchführt. Dabei ist ständig auf eine ausreichende Absicherung gegen den fließenden Verkehr zu achten!

Die Erkundung gemäß Feuerwehrdienstvorschrift (FwDV) 100 ist daraufhin ausgerichtet, dass eine sachgerechte Gefahrenbeurteilung auf Basis der Erkundungsergebnisse erfolgen kann.

Unabhängig von Fahrzeugtyp und Antriebsart erfolgt zunächst eine Überprüfung, ob eine Gefahr für Menschen oder Tiere besteht.

In jedem Fall sollte der Einsatzleiter versuchen, auf das aktuelle Rettungsdatenblatt des vorliegenden Fahrzeugmodells zurückzugreifen. Im vorliegenden Werk können nur allgemeingültige Hinweise für diesen Fahrzeugtyp dargestellt werden. Solange es sich bei dem vorliegenden Fahrzeug nicht um ein nachträglich mit einer Flüssiggasanlage aufgerüstetes Fahrzeug handelt, sind aus dem Rettungsdatenblatt alle für eine sichere Abarbeitung des Einsatzes relevanten Fahrzeugdaten zu entnehmen (*vgl. Kap. 2 Rettungsdatenblatt*)

Im Rahmen dieser Erkundung erfolgt selbstverständlich auch eine Feststellung einer möglichen Gefahr durch mitgeführte Energieträger, sei es Kraftstoff in Form von Vergaser-Dieselkraftstoff, Flüssiggas, Erdgas oder Wasserstoffgas.

Dabei ist in der Regel davon auszugehen, dass LPG-Fahrzeuge (PKW) ebenfalls ein vollwertiges Benzin-Kraftstoffsystem besitzen.

Ebenso erfolgt eine Erkundung in Bezug auf mögliche vorhandene elektrische Energiespeicher. Dies betrifft zunächst einmal die bei praktisch allen Fahrzeugen vorhandene (Starter-)Batterie ebenso wie eventuell vorhandene Hochvoltbatterien, die dem Fahrzeugantrieb dienen. Wesentlicher Teil dieser Erkundung ist eine Prüfung auf eventuelle Beschädigungen der jeweiligen Vorratsbehälter und damit mögliche Leckagen.

Grundsätzlich besteht für Fahrzeuge mit alternativen Antrieben keine Kennzeichnungspflicht. Damit wird insbesondere bei Fahrzeugen, die nachträglich auf den Betrieb mit Flüssiggas umgerüstet worden sind, die Feststellung erheblich erschwert, ob es sich bei dem vorliegenden verunfallten Fahrzeug um ein Fahrzeug mit Flüssiggasantrieb handelt. Bedingt durch die bauliche Größe wird bei diesen Fahrzeugen der zusätzlich installierte Flüssiggasbehälter das für den Einsatzleiter am einfachsten zu erkennende Anzeichen auf das Vorhandensein einer Flüssiggasanlage sein. Eventuell könnte auch der (zusätzlich vorhandene) Füllanschluss für die Flüssiggasanlage ein weiteres Anzeichen sein.

Die zusätzlichen Flüssiggasbehälter befinden sich praktisch ausschließlich im Bereich des Kofferraums einschließlich der Reserveradmulde. Aufgrund der charakteristischen Form sind diese Behälter eindeutig zu identifizieren. Da im Rahmen einer umfassenden Erkundung auch eventuelle Ladung im Kofferraum eines Fahrzeuges festgestellt werden sollte, wäre das Erkennen im Rahmen der normalen Einsatzerkundung möglich.

Gleiches gilt auch für Fahrzeuge, die bereits vom Hersteller für den Betrieb von Flüssiggas ausgerüstet sind. Hier befinden sich der/die Vorratsbehälter im hinteren Teil des Fahrzeuges entweder in der Reserveradmulde oder unter dem Fahrzeugboden.

Da im Rahmen der Erkundung auch dieser Bereich überprüft werden muss, ist eine entsprechende Feststellung problemlos möglich.

So weit wie möglich sollte versucht werden, auf die im Kapitel Rettungsdatenblatt hingewiesene Möglichkeit der Beschaffung des jeweils aktuellen Rettungsdatenblatts zurückzugreifen. Erfolgt die Fahrzeugdatenabfrage über das im genannten Kapitel beschriebene Verfahren des Kraftfahrtbundesamtes, so wären zwar beim nachgerüsteten Fahrzeug keine Hinweise auf die Flüssiggasanlage im Rettungsdatenblatt zu finden, auf der entsprechenden Datenplattform des Kraftfahrtbundesamtes wäre aber ein Hinweis auf eine ordnungsgemäß durchgeführte Nachrüstung zu finden.

Nach erfolgter Erkundung wird eine Gefahrenbeurteilung gemäß FwDV 100 nach dem bekannten Schema 4A-1C-4E durchgeführt.

- **Atemgifte**
- **Ausbreitung**
- Angstreaktionen
- Atomare Gefahren
- Chemische Gefahren
- **Elektrizität**
- Erkrankung
- Einsturz
- **Explosion**

In Bezug auf das hier betrachtete Flüssiggas sind die oben fett gedruckten Punkte des Gefahrenschemas zu beachten.

Hinweis: Da sich dieses Buch ausschließlich mit den besonderen Gegebenheiten bei Fahrzeugen mit alternativen Antrieben befasst, werden die generellen Gesichtspunkte bei Einsätzen der Feuerwehr bei Verkehrsunfällen hier nicht betrachtet.

■ Atemgifte

Eventuell austretendes Flüssiggas wird unter normalen Umgebungsbedingungen (20 °C und 1013 mbar Umgebungsdruck) sofort verdampfen. Das dabei entstehende Gasgemisch aus Propan und Butan ist bei ausreichender Konzentration ein Atemgift wegen seiner Sauerstoff verdrängenden Wirkung. Da eventuell von der Feuerwehr mitgeführte Messgeräte (Explosionsgrenzenwarngerät) in der Regel nicht auf ein Propan-Butan-Gasgemisch kalibriert sind, ist eine genaue Konzentrationsmessung praktisch nicht durchführbar. Der grundsätzliche Nachweis von austretendem Flüssiggas wird dadurch erheblich erleichtert, dass dem Flüssiggas ein charakteristischer Geruchsstoff zugefügt wird, sodass bei Vorhandensein einer hinreichend starken Konzentration auch im Freien und bei zusätzlich auftretenden sonstigen Gerüchen dieser Geruchsstoff von allen Betroffenen sofort wahrgenommen und identifiziert werden kann. Das heißt, besteht aufgrund der Erkundung die Vermutung, dass unverbranntes Flüssiggas austritt, sind die bei Vorhandensein von Atemgiften notwendigen Einsatzmaßnahmen, wie umluftunabhängiger Atemschutz zu treffen. Dabei ist insbesondere zu berücksichtigen, dass das freiwerdende Gasgemisch schwerer ist als Luft und sich daher am Boden und in Senken sammelt.

Weitere Informationen zu den Eigenschaften von LPG können den Sicherheitsdatenblättern (z. B.: http://www.tytogaz.de/Fluessiggas/Eigenschaften) oder der DIN EN 589 „Kraftstoffe für Kraftfahrzeuge – Flüssiggas" entnommen werden.

Aufgrund des vergleichsweise geringen Tankinhaltes besteht die Gefahr durch Atemgifte in erster Linie für betroffene Fahrzeuginsassen sowie für

Einsatzkräfte. Die Einsatzkräfte können sich durch umluftunabhängigen Atemschutz ausreichend schützen.

■ **Ausbreitung**

Da das bei einer Leckage frei werdende Gasgemisch schwerer ist als Luft, erfolgt eine Ausbreitung der Gaswolke insbesondere in Senken, Schächten oder sonstigen tieferliegenden Stellen. Das heißt, erfolgt ein solcher Unfall in bebautem Gebiet und tritt dabei Flüssiggas in größeren Mengen aus, so sind auch die umliegenden Kanalschächte sowie in der Nähe befindliche Kellerräume zu untersuchen. Wird eine derartige Ausbreitung festgestellt, was aufgrund des charakteristischen Geruchs leicht möglich ist, so ist in den betroffenen Bereichen insbesondere auf die Wirkung von Flüssiggas als Atemgift sowie auf die Gefahr durch Explosionen zu achten.

Durch die Ausbreitung werden sowohl Einsatzkräfte, betroffene Fahrzeuginsassen wie auch die Umgebung gefährdet.

■ **Elektrizität**

Die Gefahr durch Elektrizität in Verbindung mit austretendem Flüssiggas liegt primär in der Möglichkeit, dass eventuell vorhandene elektrische Geräte bzw. beschädigte Leitungen elektrische Funken erzeugen, die dann ihrerseits das vorhandene Gas-Luft-Gemisch entzünden könnten. Das heißt, die Elektrizität stellt hier nur eine indirekte Gefahr dar. Die erforderlichen Maßnahmen werden unter Punkt „Explosion" behandelt.

Die Gefahr durch Elektrizität besteht für die Einsatzkräfte, betroffene Fahrzeuginsassen und gegebenenfalls Personen in der Umgebung.

■ **Explosion**

Abhängig von dem prozentualen Anteil von Propan und Butan in einem vorhandenen Flüssiggas-Luft-Gemisch reicht die Explosionsgrenze von ca. 2 Vol.% bis 10 Vol.%. Da ein Propan-Butan-Gasgemisch deutlich schwerer ist als Luft, ist im Falle einer Leckage, bei der größere Mengen Flüssiggas austreten, an der Einsatzstelle in der Regel immer mit der Bildung eines explosionsfähigen Gas-Luft-Gemisches zu rechnen. Da bei der Feuerwehr vorhandene Messgeräte in der Regel nicht auf Flüssiggas (Propan-Butan-Gemisch) abgeglichen sind, ist mit diesen Geräten eine exakte Konzentrationsmessung nicht möglich. In diesem Fall können die Messgeräte primär als Nachweisgeräte für ein Vorhandensein eines zündfähigen Gemisches eingesetzt werden.

Wird ein zündfähiges Gemisch nachgewiesen, so sind die notwendigen Maßnahmen gegen eine Explosionsgefahr zu treffen. Ist eine Menschenrettung erforderlich, so darf diese nur unter strikter Beachtung des Ex-Schutzes durchgeführt werden.

Merke: Insbesondere das üblicherweise durchgeführte Abklemmen der Fahrzeugbatterie bedarf in diesem Fall einer intensiven vorherigen Prüfung.

Da in der Regel noch elektrische Verbraucher mit der Batterie verbunden sind, entsteht häufig beim Abklemmen der Batteriepole ein elektrischer Abreißfunken. Es ist daher zu prüfen, ob das damit verbundene Risiko zu dem angestrebten Zweck, eventuelle Abreißfunken während der technischen Rettung zu verhindern, in einem angemessenen Verhältnis steht. Im Zweifel sollte von dieser Maßnahme Abstand genommen werden.

Eingesetzter Geräte müssen explosionsgeschützt sein. Das gilt auch für persönliche Ausrüstungsgegenstände der Einsatzkräfte (zum Beispiel Funkalarmempfänger). Maßnahmen, wie sie in Fällen von austretendem Kraftstoff üblich sind – dessen Dämpfe können ebenfalls zündfähige Gemische bilden –, sind bei austretendem Flüssiggas nur bedingt wirksam. Insbesondere das Beschäumen ist bei austretendem Flüssiggas wenig sinnvoll, da sich hier in der Regel nie größere Flüssigkeitslachen bilden, sondern austretende Flüssigkeit sofort verdampft. Zudem dürfte aus dem Schaum austretendes Löschwasser die Verdampfungsrate eher erhöhen. Das Ziel des Schaumeinsatzes bei austretendem Vergaserkraftstoff dagegen ist es, die Verdampfungsrate der Flüssigkeitslache zu reduzieren.

Ist kein Feuerwehreinsatz zur Menschenrettung erforderlich, so ist der Gefahrenbereich abzusperren und das Betreten, auch für Einsatzkräfte, zu verhindern.

Aufgrund des im Vergleich zu normalen Flüssiggaslagertanks verhältnismäßig geringen Tankinhaltes bei Kraftfahrzeugen (ca. 30–120 l), ist abhängig von den Witterungsbedingungen mit einer zeitnahen ausreichenden Verdünnung des zündfähigen Gemisches zu rechnen, sodass unter Berücksichtigung der einschlägigen Sicherheitsmaßnahmen in der Regel dieser Vorgang abgewartet werden kann (ggf. Lüftereinsatz).

Im Falle einer Beflammung ist der Druckbehälter aus sicherer Entfernung unter Ausnutzung der Deckung zu kühlen. Für PKW und Kleintransporter beträgt dabei der primäre Räumungsradius 100 m, der sekundäre Räumungsradius bei Berstgefahr 200 m. Der Abstand für Einsatzkräfte unter Hitzeschutzkleidung beträgt 25 m.

Es handelt sich hierbei sowohl um eine Gefahr für die Einsatzkräfte, die betroffenen Fahrzeuginsassen sowie Personen in der Umgebung.

3.3 Einsatzmaßnahmen

- Zündung ausschalten
- Batterien abklemmen (bei Nutzfahrzeugen mit pneumatisch verstellbaren Fahrersitzen besteht die Möglichkeit, dass diese unkontrolliert absenken, daher bei diesen Fahrzeugen nur nach Rücksprache mit Rettungsdienst die Bordspannung abschalten)
- Ggf. Menschenrettung durchführen
- Beim Unterbauen des Fahrzeuges auf eventuell vorhandene Gasleitungen achten
- Kein punktuelles Heben des Fahrzeuges, zum Beispiel mit hydraulischem Rettungsgerät, im Bereich des Druckgasbehälters
- Während der technischen Einsatzmaßnahmen ständig Ex-Messungen durchführen

■ **Einsatzmaßnahmen bei austretendem Flüssiggas**

- Motor abstellen
- Zündung ausschalten
- Ggf. Menschenrettung durchführen, dabei jegliche Funkenbildung vermeiden
- Fahrzeugbatterie nicht abklemmen, Abreißfunkenbildung vermeiden
- Gefahrenbereich gemäß Feuerwehrdienstvorschrift/vfdb-Merkblatt absperren und räumen. Für PKW und Kleintransporter beträgt dabei der primäre Räumungsradius 100 m, der sekundäre Räumungsradius bei Berstgefahr 200 m.
- Sämtliche Zündquellen im Gefahrenbereich vermeiden
- Fahrzeug, auch bei Aufenthalt in geschlossenen Räumen, nicht bewegen
- Ständige Kontrolle der Gaskonzentration, Ausbreitung des Gases in tiefer gelegene Bereiche prüfen; gegebenenfalls Absperrbereich neu festlegen
- Mögliche Gasansammlungen durch entsprechende Lüftungsmaßnahmen verhindern.
- Ggf. austretendes Gas mit geeigneten Lüftern verdünnen/verblasen

■ **Einsatzmaßnahmen bei Fahrzeugbränden**

- Brände, die nicht die Gasanlage betreffen, unter Beachtung der Eigensicherung sofort löschen
- Ggf. Menschenrettung durchführen, Eigensicherung beachten
- Gefahrenbereich gemäß Feuerwehrdienstvorschrift/vfdb-Merkblatt absperren und räumen. Für PKW und Kleintransporter beträgt dabei der primäre Räumungsradius 100 m, der sekundäre Räumungsradius bei Berstgefahr 200 m. Der Abstand für Einsatzkräfte unter Hitzeschutzkleidung beträgt 25 m.
- Brände der Gasanlage wenn möglich nicht löschen (kontrolliert brennendes Gas ist ungefährlich)
- Wenn ohne Löschen der Gasflamme möglich, Druckbehälter aus sicherer Deckung kühlen, umluftunabhängigen Atemschutz und Hitzeschutz Form II anlegen
- Eine ausreichende Löschwasserversorgung sicherstellen
- Bei auf dem Dach oder der Seite liegenden Fahrzeugen mögliche Stichflammenbildung aus Sicherheitsventil(en) beachten

3.4 Selbstkontrolle und Testfragen

(Lösungen siehe Seite 96)

1. **Welche Aussagen über Eigenschaften von Autogas (Flüssiggas) treffen zu?**

a) Autogas ist leichter als Luft.

b) Autogas ist schwerer als Luft und sammelt sich daher am Boden und in Senken.

c) Dem Autogas wird ein Geruchsstoff zugemischt, damit ausströmendes Autogas sofort zu riechen ist.

2. **In welcher Form wird Autogas im Fahrzeug gespeichert?**

a) Autogas wird in entsprechenden Gastanks unter den Vordersitzen gespeichert.

b) Autogas wird in entsprechenden Gastanks gespeichert, die in der Regel entweder unter dem Fahrzeug, im Kofferraum oder in der Reserveradmulde eingebaut sind.

c) Autogas wird ausschließlich in rot lackierten Wechselgasflaschen im Fahrzeug gelagert.

3. **Welche Aussagen über das Verhalten bei Bränden von Fahrzeugen mit Flüssiggas treffen zu?**

a) Brennt das Fahrzeug nicht im Bereich des Flüssiggastanks, ist ein Löschen wie gewohnt möglich.

b) Fahrzeuge mit Flüssiggasantrieb dürfen im Brandfall grundsätzlich nicht gelöscht werden.

c) Tritt Flüssiggas brennend aus dem Überdruckventil aus, sollte das brennende Gas nach Möglichkeit nicht gelöscht werden, sondern nur der Behälter und die Umgebung gekühlt werden.

4. Welche Aussagen über die Sicherheitseinrichtungen bei Autogas treffen zu?

a) Die Gastanks von Autogasfahrzeugen verfügen über Sicherheitsventile, die bei Temperaturbeaufschlagung und bei Druckerhöhung ein sicheres Abblasen der Tanks ermöglichen.

b) Bei einem Bruch der Versorgungsleitung zwischen Gastank und Zumischeinrichtung im Motorraum strömt der gesamte Tankinhalt aus.

c) Bei einem Bruch der Versorgungsleitung zwischen Gastank und Zumischeinrichtung im Motorraum sorgen Sicherheitsventile durch ein sofortiges Abschalten dafür, dass der Tankinhalt nicht unkontrolliert ins Freie abströmen kann.

d) Bei Ansprechen des Überdruckventils strömt der gesamte Tankinhalt aus.

4   Elektro- und Elektrohybridfahrzeuge

Da es sich bei Elektrohybridfahrzeugen um Elektrofahrzeuge mit einem zusätzlichen herkömmlichen Fahrzeugantrieb handelt und damit in Bezug auf den Einsatz der Feuerwehr vergleichbarer Risiken bilden, werden diese Fahrzeuge gemeinsam betrachtet. Das heißt, die Regeln, die für Elektrofahrzeuge gelten, gelten in gleicher Form für den elektrischen Antriebsteil bei Elektrohybridfahrzeugen.

Eine Sonderstellung nehmen Fahrzeuge mit Brennstoffzelle ein. Diese häufig als Hybridfahrzeug ausgebildeten Kraftfahrzeuge verfügen über eine Brennstoffzelle, die die erforderliche Energie für den Elektroantrieb liefert. Die im Bezug auf den Elektroantrieb zu beachtenden Regeln werden in diesem Kapitel ebenfalls berücksichtigt. Die Gefahren, die von dem für den Betrieb der Brennstoffzelle erforderlichen Wasserstoffgas ausgehen, werden im Kap.6 Wasserstoffgasantriebe betrachtet.

Abbildung 11: Kraftfahrzeug mit Elektroantrieb (Quelle: Adam Opel AG)

37

An sich stellen Elektrofahrzeuge im Automobilbau keine wirkliche Neuerung dar. Schon in der Anfangszeit der Automobilisierung wurden Kraftfahrzeuge für den Straßenverkehr mit Elektroantrieb ausgestattet. Ebenso stellt der Elektroantrieb für Flurförderfahrzeuge wie Gabelstapler eher die Regel als die Ausnahme dar. Im Bereich der Kraftfahrzeuge für Straßenverkehr wurde der Elektroantrieb jedoch sehr schnell durch den Verbrennungsmotor verdrängt, da die Problematik einer wirksamen und ökonomischen Energiespeicherung zu der damaligen Zeit nicht gelöst werden konnte. Diese Fahrzeuge führten Bleiakkumulatoren mit, die die Nutzlast dieser Fahrzeuge erheblich reduzierten und zudem im Vergleich zu Fahrzeugen mit Verbrennungsmotor eine deutlich geringere Reichweite pro Ladezyklus hatten.

4.1 Technischer Aufbau

Moderne Elektrofahrzeuge verwenden heute moderne Hochleistungsakkumulatoren. Zum Einsatz kommen sowohl Nickel-Metallhydrid-Akkumulatoren oder Lithium-Ionen-Akkumulatoren. Nickel-Metallhydrid Akkumulatoren werden häufig in Hybridfahrzeugen, Lithium-Ionen-Batterien seit 2010 in Hybrid- und Elektrofahrzeugen eingesetzt.

Daneben finden als Energiequelle ebenfalls noch die relativ neu entwickelten Lithium-Polymer-Akkumulatoren Verwendung. Desweiteren besteht die Möglichkeit, die elektrische Antriebsenergie aus einer Brennstoffzelle zu gewinnen. Während Erstere aufgrund der Neuartigkeit der Zelle noch geringe Verwendung findet, wird die Brennstoffzelle aufgrund der schwierigen Lagerung des dafür erforderlichen Wasserstoffs derzeit nur in äußerst geringfügigem Umfang eingesetzt. Zudem ist die Brennstoffzelle technisch derzeit noch nicht als ausgereift zu betrachten.

Auf die möglichen Probleme in Bezug auf Wasserstoff wird in Kap. 6 Wasserstoffgas eingegangen. Es wird daher in diesem Kapitel auf eine nähere Betrachtung verzichtet.

Um die für den Vortrieb notwendige Energie bereitzustellen, verfügen moderne Elektrofahrzeuge über Hochvoltbatterien mit einer Batteriegleichspannung von teilweise mehr als 400 V.

Hinweis: Um eine Unterscheidung zu dem 12-V- bzw. 24-V-Bordspannungsnetz zu ermöglichen, hat sich im Zusammenhang mit diesen Systemen der Begriff „Hochvoltsystem" eingebürgert. Elektrotechnisch und sicherheitstechnisch gesehen handelt es sich aber um ein Niederspannungssystem.

Spannungen größer 60 V DC (Gleichspannung) bzw. größer 30 V AC (Wechselspannung) gehören bereits zur Spannungsklasse B. Da sie bei Stromschlägen zu erheblichen Verletzungen führen können, sind erhöhte Anforderungen an Schutzvorrichtungen gegen elektrischen Schlag zu beachten. Diese sind in den Zulassungsvorschriften für Fahrzeuge mit Elektroantrieben definiert.

Ein Strom fließt im Menschen dann, wenn der menschliche Körper den Stromkreis schließt. Im Gegensatz zum öffentlichen Wechselstromnetz, bei dem es aufgrund der vorhandenen Erdung ausreicht, ein Kabel zu berühren, um einen Stromkreis mit dem Erdpotential zu schließen, liefern Batterien grundsätzlich Gleichspannung mit separaten Plus- und Minusleitungen. In Elektrofahrzeugen ist die Hochvoltanlage in der Regel durch einen ausreichend hohen Isolationswiderstand von der Fahrzeugmasse (Neutralpotential) getrennt. In diesem Fall fließt nur dann ein Strom durch den menschlichen Körper, wenn beide stromführenden Leiter berührt werden. Das heißt, in der Regel führt selbst das Berühren eines unter Hochspannung stehenden Teils der Elektrofahrzeuge nicht zu einem Stromfluss durch den menschlichen Körper. Erst das gleichzeitige Berühren zweier unterschiedlicher Potenziale kann zu einem Stromschlag mit möglicherweise tödlichen Folgen, zumindest aber erheblichen Verletzung führen.

Die Hochvoltbatterie befindet sich in der Regel in der hinteren Bodengruppe des Kraftfahrzeugs. Die von ihr gelieferte Gleichspannung wird über Kabel zu einer Regelelektronik geführt, die dann ihrerseits die Hochspannung zu den Verbrauchern, in der Regel die Antriebsmotore, leitet.

Abbildung 12: Batterie-einbau unter Fahrzeug-boden (Quelle: Daimler-Benz AG)

Dabei muss es sich nicht zwangsläufig wie beim Verbrennungsmotor um einen einzelnen Motor handeln. Für zukünftige Fahrzeugentwicklung steht zu erwarten, dass Elektrofahrzeuge mit sogenannten Radnabenmotoren ausgerüstet werden, d.h. die Motoren befinden sich direkt in dem jeweiligen Rad. In diesem Fall sind mindestens zwei Motoren vorhanden, jeweils ein Motor rechts und links. Unter Umständen befinden sich aber auch Motoren in allen vier Antriebsrädern.

In der Regel handelt es sich bei den Antriebsmotoren nicht um die einzigen Hochvoltmotoren in einem Elektrofahrzeug. So erfolgt in der Regel der Antrieb des Klimakompressors ebenfalls über einen separaten Hochvoltmotor. Damit verfügt ein derartiges Fahrzeug über eine Mehrzahl von Verbrauchern, die alle über Hochspannung führende Kabel mit dem Regler verbunden sind. Diese Kabel sind gegenüber der normalen Kfz-Verkabelung eindeutig zu identifizieren. Die Hochvoltkabel sind zum besseren Schutz mit einer deutlich stärkeren Isolierung versehen und mit einer auffälligen Farbe in der Regel leuchtendes Orange gekennzeichnet. Obwohl diese Farbkennzeichnung (bisher) nicht genormt ist, halten sich praktisch alle Fahrzeughersteller an diese Vereinbarung.

Ein Teil dieser Kabel verläuft auch in Bereichen, die im Crashfall einer erheblichen Verformung unterliegen, sodass die Aufrechterhaltung der elektrischen Isolation nicht in jedem Fall gewährleistet werden kann. Es muss daher in jedem Fall sichergestellt werden, dass in einem derartigen Fall, diese Kabel sofort spannungsfrei geschaltet werden. Zu diesem Zweck befindet sich innerhalb des Batteriesystems ein entsprechendes Trennrelais, welches im Bedarfsfall die Hochvoltbatterie vom Leitungsnetz allpolig trennt. Aktiviert wird dieser Schutzschaltung durch entsprechende Sensoren, die auch für die Auslösung zum Beispiel der Airbags, der Gurtstraffer oder zur Erkennung eines Überschlags im Fahrzeug verbaut sind.

Neben dieser automatischen Gefahrenabschaltung bewirkt bei praktisch allen Elektrofahrzeugen das Betätigen des „Zündschlüssels" ebenfalls eine Zu- bzw. Abschaltung der Hochvoltbatterie.

Ist die Schutzschaltung aktiviert, so geht eine unmittelbare elektrische Gefahr nur von der Batterie selbst aus. Abhängig vom verwendeten Batterietyp (Nickel-Metallhydrid oder Lithium-Ionen) unterscheiden sich diese Gefahren.

Insbesondere bei Elektrohybridfahrzeugen existiert neben der Batterie eine weitere Hochvoltquelle. Diese Fahrzeuge können über die Möglichkeit verfügen, mittels eines mit dem Verbrennungsmotor verbundenen Generators die Hochvoltbatterie während des Betriebs zu laden. Sobald der Verbrennungsmotor stillgesetzt wird, kann dieser Generator keine gefährliche Spannung mehr liefern.

■ Nickel-Metallhydrid-Akkumulator

Ein gleichzeitiges Berühren beider, nach wie vor unter Spannung stehender Batteriepole ist aufgrund der entsprechenden Isolierung praktisch ausgeschlossen. Die infolge des Unfalls auf das Fahrzeug und seine Insassen wirksame mechanische Energie wird sich zwangsläufig auch auf die Batterie selbst auswirken. Die durch die mechanische Stoßeinwirkung auf die Batterie möglicherweise hervorgerufenen Gefahren liegen bei diesem Batterietyp in erster Linie in einer Beschädigung, die dazu führt, dass der in der Batterie als Gel enthaltene Elektrolyt bestehend aus Kaliumhydroxid und/oder Natriumhydroxid austritt. Der Elektrolyt hat einen pH-Wert von 13,5 und ist damit eine starke Lauge.

Ein Hautkontakt oder gar Inkorporation dieser Laugen muss in jedem Fall verhindert werden, da sonst schwere gesundheitliche Schäden die Folge sein können.

Um einen möglichen Austritt weitestgehend zu verhindern, haben die Fahrzeughersteller die Batteriegehäuse so ausgelegt, dass unter normalen Umständen eine Beschädigung, die einen Austritt des Elektrolyten zur Folge hätte, mit an Sicherheit grenzender Wahrscheinlichkeit verhindert wird. Dies wird neben einer entsprechend massiven Ausgestaltung des Batteriegehäuses auch teilweise durch entsprechende Dämpfungselemente, die ein Teil der mechanischen Stoßenergie aufnehmen, erreicht. Gegen die massive Einwirkung von Kräften, wie sie möglicherweise bei der Befreiung durch die hydraulischen Rettungsgeräte der Feuerwehr erzeugt werden könnten, sind diese Batteriegehäuse verständlicherweise nicht geschützt. Das heißt, im Bereich der Batterielagerung sind Werkzeuge wie hydraulische Rettungsgeräte nur mit äußerster Vorsicht einzusetzen.

■ **Lithium-Ionen-Akkumulator**

Ein Lithium-Ionen-Akkumulator ist nicht vergleichbar mit einer Lithiumbatterie, wie sie zum Beispiel in Fotoapparaten Verwendung findet. In Aufbau und Funktion sind beide Batterien grundsätzlich unterschiedlich.

Der derzeitige Trend bei Batterien für Elektrofahrzeuge geht eindeutig hin zum Lithium-Ionen-Akkumulator. Gegenüber seinen Konkurrenten, dem Nickel-Metallhydrid-Akkumulator sowie dem Nickel-Kadmium-Akkumulator hat dieser eine mehr als zweimal höhere Energiedichte. Zudem ist seine Energieabgabe nicht temperaturabhängig und sie unterliegt nicht dem sogenannten Memoryeffekt.

Eine Lithium-Ionen-Zelle ist aus einer positiven Elektrode (Kathode) bestehend aus Lithiummetalloxid (z.B. mit Kobalt, Mangan und Nickel) sowie einer negativen Elektrode (Anode) bestehend aus Lithium und Graphit aufgebaut. Beide befinden sich in einer Elektrolytlösung und werden durch einen dünnen Kunststoffseparator vor Kurzschluss geschützt. Zwar funktionieren Lithiumbatterien auch wie galvanische Zellen, allerdings findet bei ihnen keine

Abbildung 13: Schnitt-
zeichnung Lithium-Ionen-
Akkumulator (Quelle: Adam
Opel AG)

chemische Reaktion der aktiven Materialien statt. Stattdessen werden in der
positiver und der negativer Elektrode Lithiumionen eingelagert. Beim Laden
wandert ein Teil der Lithiumionen aus dem Metalloxidgitter durch den
Separator zur negativen Kohlenstoffelektrode und wird dort im Gitter wieder
eingelagert. Beim Entladen bewegen sich die Lithiumionen in entgegengesetzter
Richtung und werden wieder im Metalloxidgitter eingelagert. Die ständig
erhöhte Energiedichte führt dazu, dass die einzelnen Komponenten, Elektrode
und der Separator immer dünner werden. Durch innere und äußere Kurzschlüs-
se kann es zur Überhitzung kommen, die zu Bränden führen können. Wenn
auch derzeit gerade in diesem Bereich aktiv an der Verbesserung gearbeitet
wird, um zukünftig diese Effekte ausschließen zu können, muss derzeit nach
wie vor mit dieser Möglichkeit gerechnet werden.

Zudem sind heutige Zellen mehrfach abgesichert. Üblich sind Stromunter-
brechung bei Überdruck, Sicherheits-Ausblasöffnung, Thermoschalter, elektro-
nische Kontrolle (Überlast, Temperatur, Ladespannung, Unterspannung) und
zusätzliche mechanische Stromsicherung.

Viele in der Batterie verwendete Komponenten sind brennbar. Die Elektrolytlösung basiert üblicherweise auf Ethylencarbonat oder Dimethylcarbonat (DMC)
und ist daher entzündlich. Diese Stoffe gehören in die Gruppe der Alkohole,
welche grundsätzlich mit speziellen alkoholbeständigen Schaummitteln zu
löschen sind. Aufgrund der geringen Menge, die sich in einer derartigen Zelle

befindet, insbesondere im Vergleich zu beispielsweise dem Kraftstoff E10, ist aber selbst bei einem Austritt des Elektrolyten das Löschmittel Wasser ausreichend.

Lithium selbst zählt zur Gruppe der Leichtmetalle und ist wie die meisten dieser ebenfalls brennbar. Damit bestünde grundsätzlich die Gefahr eines Leichtmetallbrandes.

Von Seiten der Automobilindustrie wurden in der letzten Zeit in Bezug auf die Brandgefahr erhebliche Verbesserungen erreicht. In den heute verbauten Lithium-Ionen-Batterien werden inzwischen Elektrodenmaterialien verwendet, deren Brandverhalten mit klassischen Metallbränden nicht vergleichbar ist. Im Rahmen von Löschversuchen konnte nachgewiesen werden, dass bei entsprechender Löschmittelrate eine Brandbekämpfung mit Wasser bei Einhaltung der entsprechenden Sicherheitsabstände gefahrlos möglich ist. Die durch den Löschvorgang eventuell frei werdenden Wasserstoffmengen sind insbesondere außerhalb geschlossener Räume vernachlässigbar.

Je nach Ladezustand der Batterie bilden einzelne Bestandteile der Zelle starke Oxidationsmittel. Durch deren Reaktionsteilnahme wird ein „Batteriebrand" auch unter Luftabschluss selbsttätig weiterbrennen. Durch den Einsatz von Löschwasser im Gegensatz zu beispielsweise Metallbrandpulver wird auch hier ein deutlich höherer Löscherfolg zu erwarten sein.

Abbildung 14a und b: Löschdemonstration Kfz mit Hochvoltbatterie
(Quelle: Adam Opel AG)

Wird auch ein Löschen der einzelnen Zelle so nicht möglich sein, so wird aber durch den Kühleffekt die Ausbreitung des Brandes auf benachbarte Zellen verhindert. Wie grundsätzlich bei der Bekämpfung von Fahrzeugbränden erforderlich, müssen auch bei Bränden von Hochvoltbatterien die Einsatzkräfte durch umluftunabhängigen Atemschutz geschützt sein.

Praktisch alle Batterietypen sind in Bezug auf ihre Leistungsabgabe temperaturabhängig, d.h. es gibt einen optimalen Temperaturbereich der sowohl für die Leistungsabgabe wie auch für die Lebensdauer der Batterie von Bedeutung ist. Lithium-Ionen-Akkumulatoren verfügen daher über ein aktives Temperaturmanagement. Dieses Temperaturmanagement dient nicht der Betriebssicherheit sondern ausschließlich der Leistung bzw. Lebensdauer. Ein crashbedingter zwangsläufiger Ausfall dieses Temperaturmanagements hat keine Auswirkungen auf die Sicherheit der Batterie und da mit dem Unfall in der Regel auch das Ende der Lebensdauer der Batterie erreicht sein dürfte, kann dieser Faktor von den Einsatzkräften unberücksichtigt bleiben.

■ **Hochvoltkondensatoren**

Neben diesen Hochvoltbatterien befindet sich in einigen Fahrzeugen dieser Gruppe ein weiterer Energieträger mit Hochspannung. Für eine effektivere Bremsenergierückgewinnung verfügen einige Elektrofahrzeuge über spezielle Hochvoltkondensatoren. Diese Kondensatoren dienen der kurzzeitigen Zwischenspeicherung der zurückgewonnenen Bremsenergie durch Umschaltung des Antriebsmotors auf Generatorbetrieb. Diese Kondensatoren werden bei ordnungsgemäßer Abschaltung der Hochspannungsanlage ebenfalls entladen.

Hinweis: Ein ausländischer Automobilhersteller bringt derzeit ein Bremsenergierückgewinnungssystem auf den Markt, bei dem konventionell angetriebene Fahrzeuge mit einem Generator ausgestattet werden, der bei einem Bremsvorgang zugeschaltet wird und die Bremsenergie in elektrischer Form in den oben genannten Hochvoltkondensatoren zwischenspeichert. Derartige Fahrzeuge sind dann im Prinzip als Hybridfahrzeuge einzustufen.

■ **Hochvoltkabel**

Aufgrund der höheren Sicherheitsanforderungen, die an Hochvoltkabel im Kraftfahrzeugbau gestellt werden, unterscheiden sich diese Kabel erheblich von den sonst in Kraftfahrzeugen eingesetzten Elektrokabeln.

Das auffälligste Unterscheidungsmerkmal ist auf den ersten Blick die von den übrigen Kabeln abweichende auffällige Farbe. Besteht auch keine normmäßige Festlegung über die zu verwendende Farbgebung, so hat sich bei den meisten Serienherstellern ein auffälliges Orange für die verwendete Kunststoffisolierung durchgesetzt. Abhängig von der in einem Kabel anliegenden elektrischen Spannung sowie den Umgebungsbedingungen werden besondere Anforderungen an die Isolierungseigenschaften der Kunststoffummantelung gestellt. Der verwendete Kunststoff hat neben der im Automobilbereich notwendigen Temperaturbeständigkeit auch eine entsprechend hohe mechanische Abriebfestigkeit. Zusätzlich ist die Materialstärke der Isolierung deutlich größer als bei Niederspannungskabeln. Verbunden mit dem deutlich höheren Leitungsquerschnitt der Hochvoltkabel (mit Ausnahme evtl. der Starterkabel) ergibt sich ein im Vergleich zu den sonst im Kfz verwendeten Kabeln deutlich höherer Gesamtdurchmesser. Dieser deutlich größere Durchmesser, verbunden mit der auffälligen Farbgebung, macht diesen Leitungstyp vergleichsweise auffällig. Gleiches gilt auch für die verwendeten Leitungsverbinder. Auch diese sind aufgrund der höheren Anforderungen deutlich aufwändiger gestaltet und in ihren Abmessungen deutlich größer als sonstige üblicherweise im Fahrzeugbau verwendete Steckverbindungen. Die gesamte Hochvoltverkabelung entspricht der Schutzklasse IP 67. Damit sind die Leitungen sowie sämtliche Verbindungselemente Strahlwasser geschützt.

Neben der elektrischen Sicherheit ist auch die mechanische Festigkeit und damit Belastbarkeit dieser Hochvoltkabel deutlich höher. Betrachtet man den Querschnitt eines derartigen Kabels, so erkennt man, dass der innere Leiter aus mehrfach verseilten einzelnen Drahtlitzen besteht. Dieser Aufbau verschafft der Leitung eine hohe mechanische Zugfestigkeit bei gleichzeitig äußerst hoher Flexibilität. Diese Kombination aus hoher Widerstandskraft gegen mechanische Zugbelastung verbunden mit der vorhandenen hohen

Flexibilität gibt auch im Crashfall der Hochvoltverkabelung eine hohe mechanische Sicherheit.

Der innere Leiter ist von einer entsprechend starken Kunststoffisolierung umgeben, die die notwendige elektrische Sicherheit bietet. Zur Verbesserung der elektromagnetische Verträglichkeit (EMV) haben Hochvoltleitungen ein zusätzliches Drahtgeflecht, welches i.d.R. beidseitig mit der Fahrzeugmasse verbunden ist. Dieses äußere Drahtgeflecht ist wiederum mit einer Kunststoffisolierung versehen. Diese Kunststoffisolierung bewirkt in erster Linie einen Schutz des Drahtgeflechtes gegen Korrosion, vergrößert aber zusätzlich ebenfalls den elektrischen Schutz.

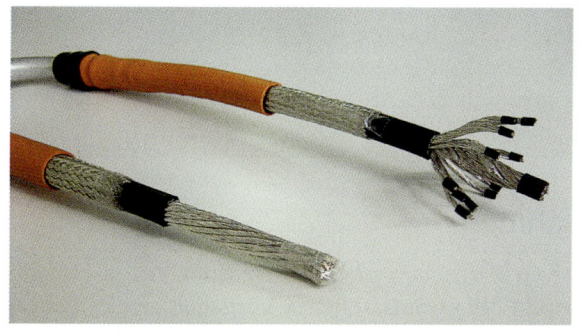

Abbildung 15: Aufbau Hochvoltkabel (Quelle: Adam Opel AG)

Der oben beschriebene Aufbau gewährleistet neben der notwendigen Betriebssicherheit auch im Crashfall ein äußerst hohes Maß an elektrischer Sicherheit. Wenngleich auch durch die zusätzlich vorhandenen Sicherheitsschaltungen bei einem Crash die gesamte Hochvoltverkabelung von der Batterie getrennt wird, so stellt der hochwertige Kabelaufbau eine zusätzliche Sicherheit für Einsatzkräfte dar.

Darüber hinaus gewährt dieser Leitungsaufbau auch die notwendige Sicherheit bei der Durchführung von Rettungsmaßnahmen. Zum einen werden die Kabel in der Regel derart verlegt, dass bei den üblicherweise von den Rettungskräften angewendeten Einsatztaktiken zur Befreiung eingeklemmter Fahrzeuginsassen, diese nicht durch im Bereich der durchzuführenden Schnitte verlegte Hochvoltkabel beeinträchtigt werden. Gleiches gilt für möglicherweise notwendiges Vordrücken des Vorderwagens. Unter Berücksichtigung der Kabelverlegung werden auf die Kabel einwirkende Zugkräfte durch den mechanischen Aufbau der Kabel derart aufgefangen, dass eine Beschädigung äußerst unwahrscheinlich ist. In jedem Fall sollte unabhängig davon vor der Durchführung von entsprechenden Entlastungsschnitten im Bereich der Schweller bzw. im Bereich des Getriebetunnels das jeweilige Rettungsdatenblatt des Fahrzeuges zurate gezogen werden, um den exakten Verlauf der Kabel zu überprüfen. Steht das entsprechende Rettungsdatenblatt nicht zur Verfügung, so ist in jedem Fall der Bereich in dem Schnitte durchgeführt werden, auf eventuell dort verlaufende Hochvoltkabel hin ausreichend sorgfältig zu überprüfen.

> **Merke:** Trotz einer erfolgten Freischaltung der Hochvoltkabel sollten diese stets so behandelt werden, als würden sie noch unter Spannung stehen, da die Feuerwehr nicht über die Mittel verfügt, um die erfolgte Freischaltung durch eigene Messungen bestätigen zu können.

4.2 Taktische Maßnahmen

Da Fahrzeuge mit alternativen Antrieben nicht von vornherein als solche erkannt werden können, erfolgt ein grundsätzliches Vorgehen gemäß Feuerwehrdienstvorschrift 100.

Hiernach erfolgt die Anfahrt zunächst in der Form, dass das erste eintreffende Einsatzfahrzeug in einem ausreichenden Sicherheitsabstand auf Weisung des Fahrzeugführers anhält, worauf dieser eine erste Erkundung durchführt. Dabei ist ständig auf eine ausreichende Absicherung gegen den fließenden Verkehr zu achten!

Die Erkundung gemäß Feuerwehrdienstvorschrift (FwDV) 100 ist daraufhin ausgerichtet, dass eine sachgerechte Gefahrenbeurteilung auf Basis der Erkundungsergebnisse erfolgen kann.

Unabhängig von Fahrzeugtyp und Antriebsart erfolgt zunächst eine Überprüfung, ob eine Gefahr für Menschen oder Tiere besteht.

In jedem Fall sollte der Einsatzleiter versuchen, auf das aktuelle Rettungs-datenblatt des vorliegenden Fahrzeugmodells zurückzugreifen. Im vorliegen-den Werk können nur allgemeingültige Hinweise für diesen Fahrzeugtyp dargestellt werden. Aus dem Rettungsdatenblatt sind alle für eine sichere Abarbeitung des Einsatzes relevanten Fahrzeugdaten zu entnehmen (*vgl. Kap. 2 Rettungsdatenblatt*).

Fahrzeug mit ausschließlich elektrischem Antrieb, können bereits bei der Annäherung eindeutig identifiziert werden. Diesen Fahrzeugen fehlen die bei konventionellem Antrieb äußerlich sichtbaren Fahrzeugkomponenten wie Auspuffrohre und Verbrennungsmotor. Handelt es sich bei dem Fahrzeug jedoch um ein Elektrohybridfahrzeug, so ist von außen eine Identifikation in der Regel nicht möglich.

Grundsätzlich kann nicht ausgeschlossen werden, dass zwischen den leitfähigen Komponenten der Fahrzeugkarosserie und dem Untergrund eine Gleichspan-nungs-Potenzialdifferenz durch eine eventuelle Beschädigung der Hochspan-nungselektrik aufgebaut wird. Hierzu müssten mehrere Faktoren gleichzeitig zusammentreffen und mehrere Sicherheitsabschaltungen gleichzeitig versagen. Es handelt sich hier um ein Gleichspannungsnetz, welches vollständig gegen-über dem übrigen Fahrzeug isoliert ist. Es müsste daher ein Pol der Gleichspan-nungsquelle Kontakt zum Untergrund und der andere Pol Kontakt zur Fahrzeugkarosserie haben. Darüber hinaus dürfte kein elektrischer Kontakt zwischen Fahrzeugkarosserie und Untergrund bestehen. Ein solches Zusam-mentreffen ist äußerst unwahrscheinlich. In einem derartigen Fall bedeutet eine ungeschützte Berührung leitfähiger Karosseriebestandteile durch Einsatzkräfte eine akute Gesundheitsgefahr. Eventuelle Anzeichen könnten vom Fahrzeug herabhängende, orange gekennzeichnete Elektroleitungen sein, die den Boden berühren.

Merke: Hochvoltsysteme haben eine Sicherheitskette, bei der mehrere Elemente gleichzeitig versagen müssen, um eine Gefahrensituation entste-hen zu lassen. Man spricht hier auch von der sogenannten Eigensicherheit eines Hochvoltsystems.

Mit den nach Norm vorhandenen Messgeräten der Feuerwehr ist unter Einsatzbedingungen ein zuverlässiger Nachweis der Spannungsfreiheit nicht möglich. Ebenso bieten auch einsatzmäßig durchgeführte Erdungsmaßnahmen keinen hinreichend sicheren Schutz. Daher sollte ein ungeschütztes Berühren von Fahrzeugteilen (ohne trockene FW-Schutzhandschuhe) immer unterbleiben. Ebenso wird durch frühzeitiges Entfernen des Zündschlüssels und Unterbrechen der 12-V-Versorgung eine ggf. noch angeschaltete Hochvoltbatterie vom übrigen Fahrzeug(netz) getrennt.

Um im Rahmen der Erkundung Hinweise auf das Vorhandensein von entsprechenden Hochspannungskomponenten zu finden, kann ein Blick in den Bereich des Fahrzeugbodens Informationen über das Vorhandensein einer Hochvoltbatterie liefern.

Die oben beschriebenen Sicherheitssysteme sind weitgehend wirkungslos, wenn zum Beispiel in Folge eines Unfalls elektrisch leitfähige Komponenten wie Karosserieteile in die Batterie selbst eindringen. Unter diesen Umständen ist in jedem Fall damit zu rechnen, dass diese Metallteile unter Spannung stehen. Daher muss im Rahmen der Erkundung unbedingt festgestellt werden, ob ein derartiges Eindringen stattgefunden hat.

Es kann zu einer mehrfachen Gefährdung kommen:

- Elektrolytaustritt
- Selbstentzündung
- Elektrische Gefährdung durch Stromschlag
- Brandgefahr durch Lichtbogen

In diesen Fällen sind allgemein gültige taktische Anweisungen nicht möglich. Hier ist eine einzelfallbezogene Gefahrenanalyse durchzuführen und dementsprechend unter Einhaltung besonderer Vorsichtsmaßnahmen vorzugehen. Liegt kein Fall von Menschenrettung vor, sollten Einsatzmaßnahmen am Fahrzeug selbst nur in Absprache mit (Elektro-)Fachleuten vorgenommen werden.

Feuerwehrleute sind bei Einsätzen häufig einem über das normale Maß hinausgehenden Risiko ausgesetzt. Daher ist es auch bei den hier beschriebenen Einsatzszenarien erforderlich, den gängigen Regeln der Sicherung gegen Einsatzgefahren besondere Aufmerksamkeit zu widmen. Dies gilt auch bei der Personenrettung aus verunfallten Elektro- oder Elektrohybridfahrzeugen. Der Schutz der Einsatzkräfte hat immer Vorrang vor einer möglichen Menschenrettung.

Nach erfolgter Erkundung wird eine Gefahrenbeurteilung gemäß FwDV100 nach dem bekannten Schema 4A-1C-4E durchgeführt.

- **Atemgifte**
- **Ausbreitung**
- Angstreaktionen
- Atomare Gefahren
- **Chemische Gefahren**
- **Elektrizität**
- Erkrankung
- Einsturz
- **Explosion**

In Bezug auf die hier betrachtete Hochspannung sind die oben fett gedruckten Punkte des Gefahrenschemas zu beachten.

Hinweis: Da sich dieses Buch ausschließlich mit den besonderen Gegebenheiten bei Fahrzeugen mit alternativen Antrieben befasst, werden die generellen Gesichtspunkte bei Einsätzen der Feuerwehr bei Verkehrsunfällen hier verständlicherweise nicht betrachtet.

■ Atemgifte

Unabhängig vom verwendeten Batterietyp kann es bei einem Brand der Hochvoltbatterie zur Bildung giftiger Gase und Dämpfe kommen. Im Brandfall sind daher entsprechende Sicherheitsmaßnahmen zu treffen, die jedoch vergleichbar sind mit den erforderlichen Maßnahmen beim Brand konventioneller

Kraftfahrzeuge. Die Gefahr durch Atemgifte besteht für eventuell betroffene Fahrzeuginsassen sowie für die Einsatzkräfte. Eingesetzte Einsatzkräfte schützen sich daher durch eine vollständige Schutzkleidung sowie umluftunabhängigen Atemschutz vor möglicherweise auftretenden Atemgiften.

■ **Ausbreitung**

Elektrohybridfahrzeuge zeigen ihre Betriebsbereitschaft nicht durch das Geräusch eines laufenden Verbrennungsmotors nach außen an. Bei nicht abgeschalteter Hochvoltbatterie besteht jederzeit die Gefahr, dass sich das Fahrzeug in Bewegung setzt.

■ **Chemische Gefahren**

Möglicherweise vorhandene chemische Gefahren sind stark abhängig von dem eingesetzten Batterietyp. Nickel-Metallhydrid-Batterien verwenden als Elektrolyt ein Gemisch aus Kaliumhydroxid und Natriumhydroxid. Der Elektrolyt hat einen pH-Wert von 13,5 und ist damit eine starke Lauge. Wird infolge eines Unfalls die Batterie mechanisch so beschädigt, dass der Elektrolyt austreten kann, so besteht unmittelbare Gefahr. Ein Hautkontakt oder gar Inkorporation dieser Laugen muss in jedem Fall verhindert werden, da sonst schwere gesundheitliche Schäden die Folge sein können. In erster Linie betroffen hiervon sind die Einsatzkräfte sowie die Umwelt. Die Einsatzkräfte werden durch ihre Feuerwehrschutzkleidung sowie gegebenenfalls zusätzlich erforderliche Schutzkleidung geschützt. Die Gefahren für die Umwelt können durch Einbinden der austretenden Elektrolytflüssigkeit mit geeignetem Chemikalienbinder aufgrund der begrenzten Flüssigkeitsmenge stark minimiert werden.

Da – wie weiter oben beschrieben – ein klassischer Metallbrand mit der Bildung großer Mengen Knallgas ausgeschlossen werden kann, sollte ein möglicher Brand in einer Lithium-Ionen-Batterie in jedem Fall durch eine Bekämpfung mit ausreichenden Löschwassermengen eingedämmt werden.

Nicht ausgeschlossen werden kann dagegen die Bildung von Knallgas durch eine Elektrolyse von in die Hochvoltbatterie eindringendem Löschwasser. Eine Anreicherung von relevanten Mengen Knallgas in der Batterie bzw. in der Umgebung der Batterie oder beispielsweise in der Fahrgastzelle kann in der akuten Situation eines Verkehrsunfalls aufgrund der Umgebungsbedingungen während eines Löscheinsatzes ausgeschlossen werden. Trotzdem sollten während der Einsatzmaßnahmen immer ständig Ex-Messungen mit einem geeigneten Messgerät durchgeführt werden.

■ Elektrizität

Grundsätzlich besteht aufgrund der hohen Gleichspannung bei Berührung Gefahr für die Einsatzkräfte sowie für betroffene Fahrzeuginsassen. Dies gilt insbesondere dann, wenn elektrisch leitfähige Komponenten in die Hochvoltbatterie selbst eingedrungen sind.

Damit gelten bei diesen Einsätzen dieselben Einsatzgrundsätze wie bei sonstigen unter Spannung stehenden Anlagen. Diese Einsatzgrundsätze sind:

- Anlage freischalten,
- Spannungsfreiheit überprüfen,
- gegen Wiedereinschalten sichern.

Grundsätzlich verfügen alle Serienfahrzeuge mit Hochvoltbatterien über eine Sicherheitsschaltung, die mittels Fahrzeugelektronik sowie vorhandener Crashsensoren, die zum Beispiel für die Auslösung des Airbags verantwortlich sind, eine allpolige Unterbrechung der Batterie von den übrigen Komponenten der Hochspannungsanlage sicherstellt.

In der Regel kann davon ausgegangen werden, dass eine Auslösung der Sicherheitsabschaltung dazu führt, dass die entsprechenden Anzeigeelemente am Armaturenbrett verlöschen. Nicht in jedem Fall muss das Verlöschen der entsprechenden Anzeigeelemente mit dem Auslösen der Sicherheitsschaltung in Verbindung stehen. Es besteht ebenfalls die Möglichkeit, dass infolge einer unfallbedingten Beschädigung dieser Anzeigen eine optisch vergleichbare Situation hervorgerufen wird, ohne dass eine Abschaltung der Hochvoltbatterien erfolgt.

Grundsätzlich kann bei allen Hochvoltbatterien eine Trennung über entsprechende Servicestecker herbeigeführt werden. Wegen der fehlenden Einheitlichkeit sollte die Feuerwehr aber von dieser Möglichkeit absehen.

Sonstige Möglichkeiten bei intakter Isolierung der Hochvoltanlage die Spannungsfreiheit festzustellen, bestehen mit den vorhandenen Mitteln der Feuerwehr praktisch nicht. Das heißt, die Feuerwehr ist auf die entsprechenden Anzeigeelemente im Fahrzeug angewiesen.

Diese Fahrzeuge verfügen in der Regel auch über eine Klimaanlage. Der Antrieb des Klimakompressors erfolgt dann normalerweise über einen separaten Elektromotor, der ebenfalls von der Hochspannungsbatterie versorgt wird. Bei einigen Fahrzeugtypen kann die Klimaanlage über eine in den elektronischen Schlüssel integrierte Fernsteuerung gestartet werden. Auf diesem Weg wäre es möglich, durch beabsichtigtes oder unbeabsichtigtes Betätigen der Fernsteuerung, einen Teil der Hochspannungselektrik von den Einsatzkräften unbemerkt unter Spannung zu setzen.

Hinweis: Sicherheitsabschaltung hat angesprochen: In der Regel ist alles deaktiviert.

Im Rahmen der Erkundung sollte daher auch nach möglicherweise vorhandenen „Funkschlüsseln" gesucht werden. Diese sollten sichergestellt und in ausreichender Entfernung vom Fahrzeug – mindestens 10 m – so abgelegt werden, dass ein ungewolltes oder unbefugtes Betätigen in jedem Fall ausgeschlossen ist.

Hinweis: Erfolgt eine eindeutige Identifikation der Crashsituation durch die eingebauten Sensoren – ein eindeutiges Anzeichen hierfür sind ausgelöste Airbags – erfolgt eine Trennung der Hochvoltbatterie vom übrigen Hochspannungsbordnetz derart, dass weder ein gewolltes noch ungewolltes Wiedereinschalten möglich ist. Diese Abschaltung schließt auch eventuell vorhandene Nebenantriebe, wie zum Beispiel Klimakompressoren mit ein. Auch diese können nach einer erfolgten Crashabschaltung nicht erneut eingeschaltet werden, weder gewollt noch ungewollt.

Darüber hinaus besteht bei Gleichspannungssystemen höherer Spannung die Gefahr eines länger andauernden, stehenden Lichtbogens. Neben der von dem hellen Lichtbogen ausgehenden Gefahr für die Augen stellt ein derartiger Lichtbogen auch eine Gefahr der Verbrennung dar. Ebenso ist damit auch eine weitere mögliche Zündquelle gegeben.

■ **Explosion**

Hochvoltbatterien können bei Beschädigung und Kontakt mit Feuchtigkeit infolge einer möglicherweise einsetzenden Elektrolyse Knallgas bilden. Sollte sich dieses in ausreichender Menge ansammeln, so besteht Explosionsgefahr. Unter den normalen Bedingungen eines Löscheinsatzes bei einem brennenden PKW ist die Wahrscheinlichkeit für die Ansammlung einer größeren relevanten Menge Knallgas aufgrund dieses Prozesses eher unwahrscheinlich. Diese Explosionsgefahr besteht sowohl für Einsatzkräfte als auch für eventuell betroffene Fahrzeuginsassen.

4.3 Einsatzmaßnahmen

Die nachfolgend beschriebenen Maßnahmen sind unabhängig vom Zerstörungsgrad des Fahrzeuges, soweit möglich, vollständig umzusetzen. Ein ausgelöster Airbag ist kein hundertprozentiges Anzeichen für ein Deaktivieren der Hochvoltanlage.

- Evtl. vorhandene Verbrennungsmotoren stillsetzen
- Hochvoltbatterie auf Beschädigung sowie auf Eindringen von Fremdkörpern überprüfen
- Hochvoltelektroantrieb deaktivieren, soweit vorhanden Zündschlüssel entfernen
- Fahrzeug gegen Wegrollen sichern
- 12-V-Batterie abklemmen (Wegfall der 12-V-Spannungsversorgung führt in der Regel ebenfalls zu einer Abschaltung der Hochvoltbatterie); bei Nutzfahrzeugen mit pneumatisch verstellbaren Fahrersitzen besteht die Möglichkeit, dass diese unkontrolliert absenken, daher bei diesen Fahrzeugen nur nach Rücksprache mit Rettungsdienst die Bordspannung abschalten

- Während aller Tätigkeiten am verunfallten Fahrzeug ständig **trockene** FW-Schutzhandschuhe tragen
- Beim Unterbauen des Fahrzeuges auf eventuell vorhandene Hochvolt-leitungen achten (farbliche Kennzeichnung, orange)
- Kein Heben des Fahrzeuges zum Beispiel mit hydraulischem Rettungsge-rät im Bereich Hochspannung führender Teile inklusive Hochvoltbatterie, keine punktförmige Belastung; ist das Heben im Bereich der Hochvoltbat-terie erforderlich, so sind großflächig arbeitende Heber wie zum Beispiel Hebekissen einzusetzen, um ein Einklemmen elektrischer Kabel zu vermei-den

Abbildung 16: Hochvolt-kabel unter Fahrzeug-boden (Quelle Daimler Benz AG)

- Bei Fahrzeugen mit Aktivierung durch Funkschlüssel alle im Fahrzeug vorhandenen Funkschlüssel (auch der Beifahrer kann einen haben) aus dem Fahrzeug entfernen und in ausreichender Entfernung (> 10 m) sicher verwahren
- Ggf. auslaufende Flüssigkeit mit geeigneten Mitteln binden
- Bei Durchführung der Rettungsmaßnahmen, auch bei abgeschalteter Hochvoltbatterie, jegliche Beschädigung bzw. ungeschützte Berührung aller Teile der Hochvoltanlage vermeiden
- Brennende Fahrzeuge werden unter Einhaltung des erforderlichen Sicher-heitsabstandes mit geeignetem Löschmittel (Wasser) gelöscht (bei Einsatz

von CM-Strahlrohren gemäß VDE 0132 Sprühstrahl 1 m und Vollstrahl 5 m). Da eine Spannung von 1000 V nicht überschritten wird, ist auch der Einsatz von Löschpulver möglich. Je nach Ladezustand der Batterie besteht die Möglichkeit, dass diese auch unter Luftabschluss weiter brennen kann; in diesem Fall ist das ständige Kühlen mit ausreichendem Löschwasser die einzig sinnvolle Taktik. In jedem Fall sollten zum Löschen große Wassermengen eingesetzt werden (hier darf/muss die Feuerwehr den ozeanischen Löscheffekt einsetzen!)

Abbildung 17: Hochvolt-kabel niemals durchtrennen (Quelle: Adam Opel AG)

- Brennende Fahrzeuge inkl. Hochvoltbatterien werden unter Einhaltung des Sicherheitsabstandes mit Wasser (vorzugsweise Sprühstrahl) gelöscht
- Umluftunabhängigen Atemschutz anlegen
- Eine ausreichende Löschwasserversorgung sicherstellen
- Löschschaum darf nur im gesicherten spannungsfreien Zustand angewendet werden

Befinden sich Elektro- oder Elektrohybridfahrzeuge unter Wasser, so ist in jedem Fall die Berührung spannungführender Teile zu verhindern. Wurden Fahrzeuge aus dem Wasser geborgen und ist das im Fahrzeug enthaltene Wasser vollständig abgelaufen, kann unter den oben genannten Vorsichtsmaßnahmen wie oben beschrieben verfahren werden.

Merke: Nach der Trennung der Hochvoltbatterie vom übrigen Leitungsnetz kann weiterhin Hochspannung in den entsprechenden Komponenten anliegen. Nach Trennen der Batterie wird die vorhandene Restspannung im System abgebaut. Je nach Fahrzeugtyp dauert dieser Vorgang mehrere Sekunden (<< 1 min).

Berührung oder gar Betätigung von Hochvoltsteckverbindungen durch die Feuerwehr sollte wenn möglich vermieden werden. Da mit den Mitteln der Feuerwehr eine hundertprozentige Spannungsfreiheit der Hochvoltanlage nicht geprüft werden kann, sollte bei Arbeiten im Bereich der Hochvoltkomponenten immer so vorgegangen werden, als ob diese noch unter Spannung stehen.

Im Zuge der Einsatzmaßnahmen ist jegliche Beschädigung im Bereich der Hochvoltkomponenten zu vermeiden. Insbesondere ist das Durchtrennen der Hochvoltkabel (orangefarbliche Kennzeichnung) zu vermeiden.

Eine Beschädigung der Hochvoltbatterie infolge der durchgeführten Rettungsmaßnahmen muss in jedem Fall verhindert werden.

Bei Einsätzen ohne Menschenrettung sollte bei allen Arbeiten am Fahrzeug selbst eine Elektrofachkraft hinzugezogen werden.

Abbildung 18: Fahrzeug mit Hochvoltbatterie löschen (Quelle: Adam Opel AG)

4.4   Selbstkontrolle und Testfragen

(Lösungen siehe Seite 96)

1. Welche Aussagen über Elektro- und Elektrohybridfahrzeuge sind richtig?

a) Elektro- und Elektrohybridfahrzeuge verfügen in der Regel immer ausschließlich über eine Hochvoltbatterie und nicht zusätzlich über eine 12-V-Batterie.

b) Ein Abschalten des 12-V-Bordnetzes führt automatisch zur Trennung der Hochvoltbatterie vom Hochvoltleitungsnetz.

c) Bei Abschalten der 12-V-Bordbatterie erfolgt automatisch eine Versorgung des 12-V-Netzes durch die Hochvoltbatterie.

2. Welche Aussagen über Elektro- und Elektrohybridfahrzeuge sind richtig?

a) Ein Auslösen der Crashsensoren bewirkt ein sofortiges Trennen der Hochvoltbatterie vom Hochvoltleitungsnetz.

b) Wurde die Hochvoltbatterie durch Auslösen der Crashsensoren vom Netz getrennt, so ermöglicht ein erneutes Betätigen des Zündschlüssels die Wiederinbetriebnahme des Hochvoltleitungsnetzes.

c) Elektro- und Elektrohybridfahrzeuge kann man eindeutig an der fehlenden Abgasanlage identifizieren.

3. Was ist im Brandfall bei Elektro- und Elektrohybridfahrzeugen zu beachten?

a) Elektro- und Elektrohybridfahrzeuge dürfen unter keinen Umständen mit Wasser gelöscht werden, da hierfür ein spezielles Löschpulver (Typ EK) erforderlich ist.

b) Elektro- und Elektrohybridfahrzeuge können unter Einhaltung der Sicherheitsabstände mit Wasser gelöscht werden.

c) Elektro- und Elektrohybridfahrzeuge dürfen nur gelöscht werden, wenn die Hochvoltbatterie zuvor abgeschaltet wurde.

4. Welche Aussagen über die Energieversorgung von Elektro- und Elektro-hybridfahrzeugen sind richtig?

a) Elektro- und Elektrohybridfahrzeuge werden immer ausschließlich durch eine Hochvoltbatterie gespeist.

b) Elektro- und Elektrohybridfahrzeuge können auch durch eine Wasser-stoff-Brennstoffzelle gespeist werden.

c) Seit dem 1. Januar 2012 dürfen Elektro- und Elektrohybridfahrzeuge ausschließlich mit Lithium-Ionen-Batterien gespeist werden.

5. Welche Aussagen über die Hochvoltbatterie von Elektro- und Elektro-hybridfahrzeugen sind richtig?

a) Hochvoltbatterien müssen nach einem Verkehrsunfall sofort unter Ein-satz eines C-Rohres gekühlt werden.

b) Hochvoltbatterien können sich nach einem Fahrzeugcrash selbst entzün-den.

c) Hochvoltbatterien werden durch einen orangefarbenen Farbanstrich gekennzeichnet.

5 Erdgas

Erdgas ist ein Gasgemisch, dessen Zusammensetzung in Abhängigkeit von der jeweiligen Lagerstätte erheblich variieren kann. Der Hauptbestandteil ist immer Methan, der Anteil liegt meistens zwischen 75 % und 99 % der molaren Fraktion. Neben dem Gas Methan enthält Erdgas auch größere Anteile an Ethan (häufig zwischen 1 % und 15 %) und Propan (häufig zwischen 1 % und 10 %).

Weiterhin ist im Bio-Erdgas in erheblichen Mengen Schwefelwasserstoff enthalten. Schwefelwasserstoff ist hoch toxisch und würde bei der Verbrennung erhebliche Schadstoffe im Abgas verursachen. Daher wird das unerwünschte Begleitgas in sogenannten Erdgas-Entschwefelungsanlagen entfernt. Gleiches gilt für eventuell vorhandene Beimengungen von Kohlenstoffdioxid und Wasser. Auch diese Beimengungen werden zunächst abgetrennt, um eine mögliche Schädigung von Anlagen und Umwelt zu verhindern.

Nach der Zusammensetzung werden verschiedene Typen Erdgas unterschieden. Man unterscheidet H-Gas (von engl. high (calorific) gas) und L-Gas (von engl. low (calorific) gas, Erdgas mit niedrigem Energiegehalt). Die Unterschiede im Energiegehalt beruhen auf dem unterschiedlichen Anteil an Methan. Beide Erdgastypen werden als Treibstoff für Erdgasfahrzeuge eingesetzt. Weitere Informationen zu den Zusammensetzungen von Erdgas als Fahrzeugkraftstoff in Deutschland können der DIN 51624 „Kraftstoffe für Kraftfahrzeuge – Erdgas" entnommen werden

Die chemischen Eigenschaften des Erdgases werden im Wesentlichen durch das darin enthaltene Methan bestimmt. Methan ist eine chemische Verbindung aus der Gruppe der Kohlenwasserstoffe und das einfachste Alkan, die Summenformel lautet CH_4. Das farb- und geruchlose, brennbare Gas hat eine geringere Dichte als Luft. Im Freien austretendes Methan wird daher immer sofort in höhere Luftschichten aufsteigen. Größere Ansammlungen am Boden sind unter normalen Bedingungen nicht zu erwarten.

Methan siedet bereits bei −161,7 °C. Aufgrund der unpolaren Eigenschaften ist es in Wasser kaum löslich. Schmelzwärme und Verdampfungswärme sind mit 1,1 kJ/mol und 8,17 kJ/mol für ein Gas relativ hoch. Der Heizwert liegt bei 35,89 MJ·m^{-3}.Der Energiegehalt von 1 kg Erdgas (H-Gas) entspricht etwa 1,5 Liter Benzin beziehungsweise 1,33 Liter Diesel.

Mit einem Volumenanteil zwischen 4,4 und 16,5 % in der Luft bildet Methan explosive Gemische bzw. gefährliche explosionsfähige Atmosphären (geA). Methan ist hoch entzündlich, der Flammpunkt liegt bei −188 °C, die Zündtemperatur bei 650 °C (bei stöchiometrischer Mischung – sonst höher). Um eventuell austretendes Erdgas orten zu können, wird ein sogenanntes Odorierungsmittel zugesetzt. Dieser Duftstoff ist für den klassischen Gasgeruch verantwortlich.

Abbildung 19: Erdgas Fahrzeug (Quelle: Linde, mit freundlicher Genehmigung Energieversorgung Waldeck Frankenberg)

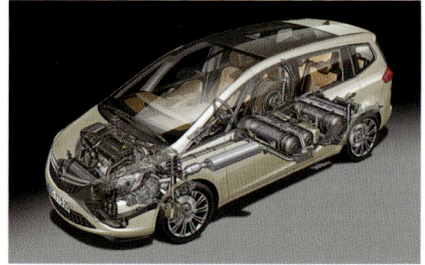

Abbildung 20: Röntgenschnitt Erdgasfahrzeug (Quelle: Adam Opel AG)

5.1 Technischer Aufbau

Wird Erdgas als Kraftstoff für Kraftfahrzeuge verwendet, spricht man in diesem Zusammenhang häufig wegen seiner komprimierten oder verflüssigten Form von CNG Compressed Natural Gas (komprimiertes Erdgas) oder LNG Liquified Natural Gas (Flüssigerdgas).

Die derzeit in Deutschland angebotenen Serienfahrzeuge nutzen ausschließlich Erdgas in der komprimierten Form von CNG Compressed Natural Gas. Dabei entnehmen Erdgastankstellen das Gas dem Erdgasnetz und komprimieren es auf einen Druck von 200 bar. Bei diesem Druck wird das Erdgas dann in entsprechenden Druckgasbehältern im Fahrzeug gespeichert.

Im Gegensatz zu Wasserstofffahrzeugen nutzen Erdgasfahrzeuge ausschließlich entsprechend modifizierte Verbrennungsmotoren als Antriebsquelle, d.h. das Erdgas wird in herkömmlichen Verbrennungsmotoren in klassischer Weise verbrannt. Dazu wird der Gasdruck des Vorratsbehälters in einem Druckregler auf einen Mitteldruck von ca. 7 bar reduziert.

Abbildung 21: Druckregler (Quelle: VTI-Ventiltechnik, Menden)

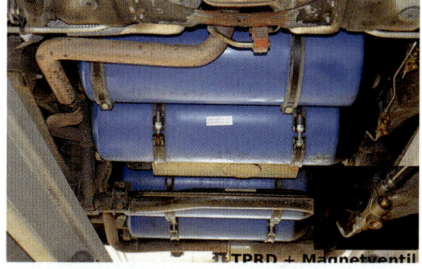

Abbildung 22: Druckbehältereinbau unter Fahrzeugboden (Quelle: Linde)

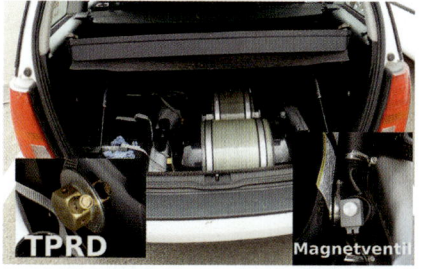

Abbildung 23: Druckbehältereinbau in Reserveradmulde (Quelle: Linde)

Abbildung 24: Weitere Möglichkeit für den Druckbehältereinbau (Quelle: Linde, mit freundlicher Genehmigung Energieversorgung Waldeck Frankenberg)

Dieser Druckregler befindet sich in der Regel im Motorraum, d.h. in der Druckleitung vom Vorratsbehälter im Heck des Fahrzeuges bis zum Motorraum steht ebenfalls der Behälterdruck an. Mit diesem Mitteldruck gelangt das Erdgas zu speziellen Injektoren, über welche es zylindersequenziell in die Ansaugluft eingeblasen/injiziert wird (Stand der Technik).

Zur Speicherung befinden sich in der Regel im hinteren Bereich der Bodengruppe zylindrische Druckgasbehälter. Um Druckgasbehälter mit größerem Zylinderdurchmesser verwenden zu können, werden diese vereinzelt auch im Kofferraum des Fahrzeuges untergebracht. Aufgrund der Zylinderform sowie des begrenzten Raumangebots in der Bodengruppe von Personenkraftwagen erfolgt die Speicherung meist in zu einer Batterie zusammengeschalteten Anordnung mehrerer Druckzylinder.

Bei der Speicherung in Druckgasflaschen sorgen verschiedene technische Vorrichtungen für einen sicheren Betrieb. Abhängig vom Fahrzeughersteller können vereinzelt Überdrucksicherungen PPRD (Pressure activated Pressure Release Device) – in der Regel sogenannte Berstscheiben – an den Erdgastanks vorhanden sein. Bei Überschreitung des Auslösedrucks (zwischen 280–405 bar je nach zur Anwendung kommender Norm und Ausführung der Berstscheibe) öffnen diese permanent, sodass sich der gesamte Druck des jeweiligen Tanks durch Ausströmen des Erdgases abbaut. Bei einem nominalen Speicherdruck von 200 bar sind die Druckgastanks je nach Bauart (Stahl, Composite) auf einen Mindest-Berstdruck von 470 bar bei Stahl und Compositebehältern (das 2,35-Fache des Betriebsdruckes) gemäß ECE R110 ausgelegt.

Alle Behälter sind mit Temperatursicherungen TPRD (Thermal activated Pressure Release Device) an den Tankventilen – je nach Behälterbauart (Composite) ggf. auch mit zusätzlichen, separaten Temperatursicherungen – versehen.

Werden die Behälter an der TPRD einer Temperatur von 110+/–10 °C ausgesetzt, sprechen diese Sicherungen an und bewirken so ein permanentes Abblasen des Erdgases, um den Behälterdruck komplett abzubauen. Diese

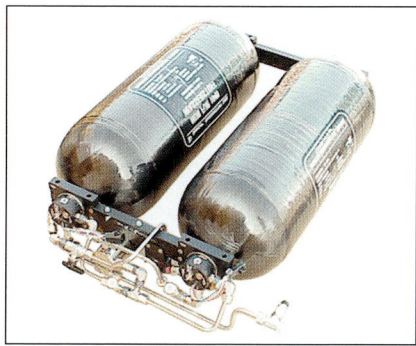

Abbildung 25: Druckgasbehälter-Batterie für Erdgas (Quelle: DYNETEK EUROPE GmbH)

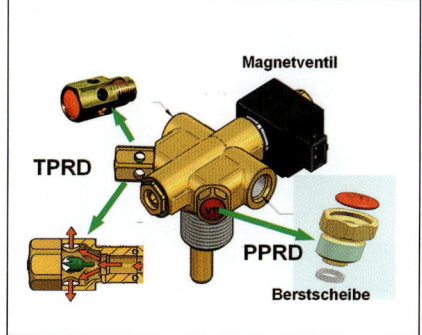

Abbildung 26: Druckbehälterventil mit Berstscheibe und Temperatursicherung (Quelle: VTI-Ventiltechnik, Menden)

Temperatursicherungen sind in das Druckbehälterventil integriert. Häufig sind bei Druckbehältern diese Temperatursicherungen sowohl am Ventil wie auch am Behälterboden anzutreffen.

Handelt es sich um Druckbehälter mit einer Länge von über 1,6 m, wie sie vorwiegend in größeren Fahrzeugen verbaut werden, so ist der Einbau von Temperatursicherungen sowohl am Ventil wie auch am Behälterboden Pflicht. Bei Compositebehältern werden häufig auch bereits bei kleineren Behältern zusätzliche Temperatursicherungen am Behälterboden angebracht. Dadurch soll verhindert werden, dass die Temperatursicherung am Behälterventil nicht aktiviert wird, wenn zum Beispiel nur der hintere Teil des Behälters dem Feuer ausgesetzt wird. Sprechen diese Sicherungen an, ist dies anhand eines lauten zischenden Geräusches wahrnehmbar. In der Regel sind diese Temperatursicherungen so aufgebaut, dass das Gas direkt am Ventil ins Freie entweicht. In einigen Fällen ist an die Temperatursicherung eine Ablassleitung angeschlossen, die das Abblasen ins Freie an einer vom Behälter entfernten Stelle ermöglicht.

 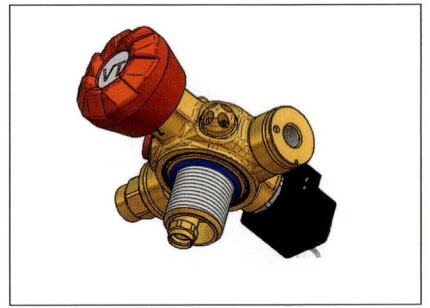

Abbildung 27: Temperatursicherung am Behälterboden (Quelle: Linde)

Abbildung 28: Magnetventil (Quelle: VTI-Ventiltechnik, Menden)

Die Tankventile sind als elektrische Sicherheitsventile ausgeführt, welche stromlos geschlossen sind. Die Betankung ist jederzeit möglich, die Kraftstoffversorgung wird jedoch durch Abschalten der elektrischen Versorgungsspannung abgesperrt, sobald der Erdgasbetrieb des Fahrzeuges eingestellt wird (z.B. Fahrt im ebenfalls möglichen Benzinbetrieb oder Abstellen des Fahrzeuges) bzw. wenn das Fahrzeug über seine Beschleunigungssensoren ein Unfall-Szenario erkennt.

Aufgrund seiner Bauart kann das Magnetventil in seiner Sicherheitsfunktion beeinträchtigt werden, wenn (durch beispielsweise das Unfallgeschehen) der Elektromagnet im Verhältnis zum eigentlichen Ventil verbogen wird (*vgl. Abb. 30*). Tritt dieser Fall ein, bevor das Ventil geschlossen hat, wovon im Crashfall ausgegangen werden muss, so kann das Magnetventil seine Sicherheitsfunktionen nicht mehr wahrnehmen. Aus diesem Grund versehen viele Fahrzeughersteller die Magnetventile mit einem zusätzlichen Schutzkäfig.

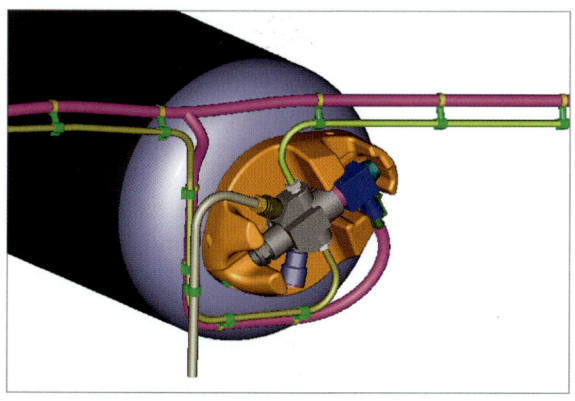

Abbildung 29: Flaschen
ventil mit Schutzkäfig
(Quelle: Adam Opel AG)

Die Gefahr einer Beschädigung des Magnetventils ist insbesondere dann gegeben, wenn das Fahrzeug einen Seitenaufprall in Höhe der Druckbehälter erfahren hat, und hier insbesondere dann, wenn der Aufprall auf der Ventilseite erfolgt ist. Die Lage der Druckbehälter sowie der Ventile sind dem Rettungsdatenblatt zu entnehmen.

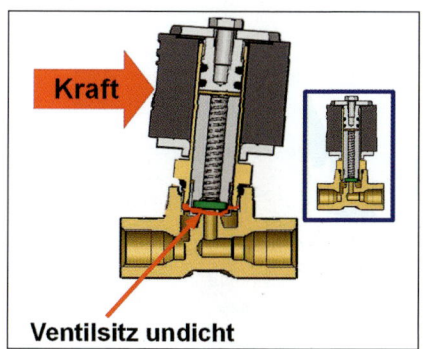

Abbildung 30: Gefährdung des
Magnetventils (Quelle: Linde)

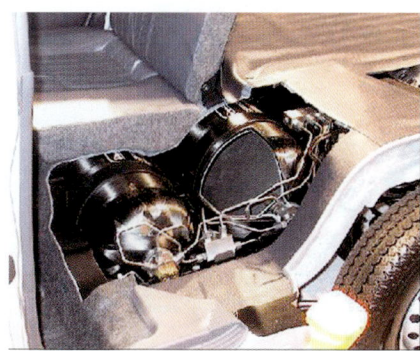

Abbildung 31: Einbausituation
Magnetventile im Behälterboden
(Quelle: DYNETEK EUROPE GmbH)

Zusätzlich befindet sich in der Ventileinheit auch eine Leitungsbruchsicherung, ein sogenanntes Excess-Flow-Valve (EFV). Wird zum Beispiel die Hochdruckleitung vom Druckbehälter zum Druckregler im Motorraum beschädigt und das Magnetventil ist nicht geschlossen, so kann nicht der gesamte Behälterinhalt schlagartig entweichen. Die Leitungsbruchsicherung verschließt die Hochdruckleitung bis auf einen minimalen Restquerschnitt. Solange das Magnetventil nicht geschlossen ist, tritt kontinuierlich eine geringe Menge Erdgas aus, bis entweder das Magnetventil oder das Handventil geschlossen wird oder der gesamte Behälterinhalt abgeströmt ist.

Erdgasfahrzeuge werden bei den vorgeschriebenen technischen Überprüfungen wie konventionelle Fahrzeuge behandelt. Damit die Hauptuntersuchung (HU) bestanden wird, muss in gleichen Intervallen eine Gasanlagenprüfung (GAP) bestanden werden.

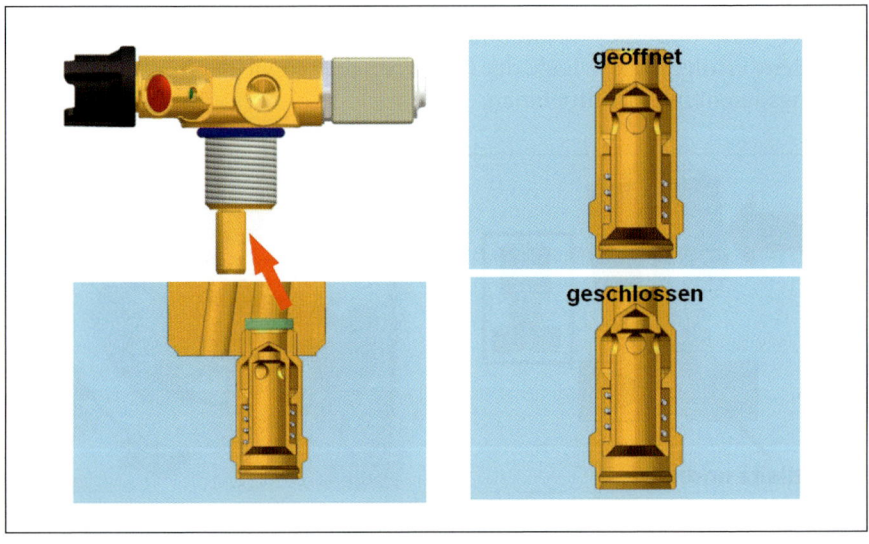

Abbildung 32: Excess-Flow-Valve (EFV)/Leitungsbruchsicherung
(Quelle: VTI-Ventiltechnik, Menden)

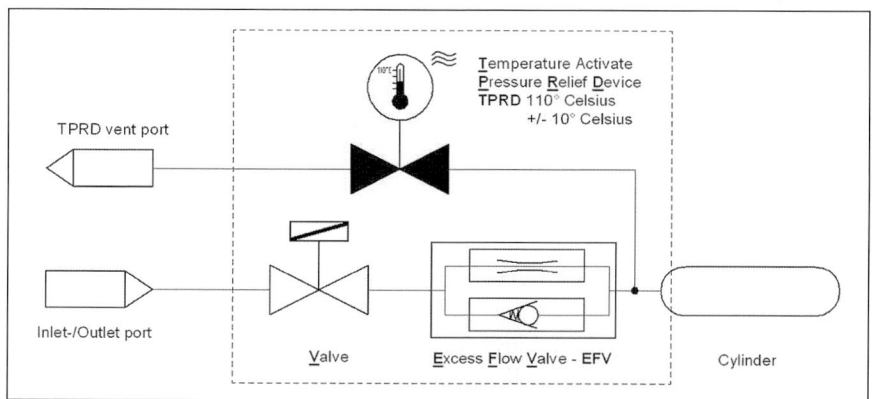

Abbildung 33: Excess-Flow-Valve (Schaltplan) (Quelle: VTI-Ventiltechnik, Menden)

Erfolgreich bestandene GAP vorausgesetzt, beträgt die maximal zulässige Lebensdauer der Erdgastanks 20 Jahre (Fahrzeuge nach derzeitigem Stand ECE-R110).

5.2 Taktische Maßnahmen

Da Fahrzeuge mit alternativen Antrieben, insbesondere bei Erdgasantrieb aufgrund der zur Verbrennung verwendeten herkömmlichen Verbrennungsmotoren, nicht von vornherein als solche erkannt werden können, erfolgt ein grundsätzliches Vorgehen gemäß Feuerwehrdienstvorschrift 100.

Hiernach erfolgt die Anfahrt zunächst in der Form, dass das erste eintreffende Einsatzfahrzeug in einem ausreichenden Sicherheitsabstand auf Weisung des Fahrzeugführers anhält, worauf dieser eine erste Erkundung durchführt. Dabei ist ständig auf eine ausreichende Absicherung gegen den fließenden Verkehr zu achten!

Die Erkundung gemäß Feuerwehrdienstvorschrift (FwDV) 100 ist daraufhin ausgerichtet, dass eine sachgerechte Gefahrenbeurteilung auf Basis der Erkundungsergebnisse erfolgen kann.

Abbildung 34: Blick unter Fahrzeugboden (Quelle: Linde)

Abbildung 35: Blick unter Fahrzeugboden (inklusive Steinschlagschutz) (Quelle: Adam Opel AG)

Unabhängig von Fahrzeugtyp und Antriebsart erfolgt zunächst eine Überprüfung, ob eine Gefahr für Menschen oder Tiere besteht.

Wenn möglich sollte bei Verdacht auf Vorliegen eines Erdgasantriebs versucht werden, auf das entsprechende Rettungsdatenblatt zurückzugreifen.

Im Rahmen dieser Erkundung erfolgt selbstverständlich auch eine Feststellung einer möglichen Gefahr durch mitgeführte Energieträger, sei es Kraftstoff in Form von Vergaser-Dieselkraftstoff, Flüssiggas, Erdgas oder Wasserstoffgas. In der Mehrheit der Fälle ist bei Erdgasfahrzeugen ein zusätzliches Kraftstoffsystem – bei PKW in der Regel für Benzin – eingebaut. Ebenso erfolgt eine Erkundung in Bezug auf mögliche vorhandene elektrische Energiespeicher. Dies betrifft zunächst einmal die bei praktisch allen Fahrzeugen vorhandene (Starter-)Batterie. Wesentlicher Teil dieser Erkundung ist eine Prüfung auf eventuelle Beschädigungen der jeweiligen Vorratsbehälter und damit mögliche Leckagen.

Abbildung 36: Erdgas Füllanschlüsse (Quelle: Linde, mit freundlicher Genehmigung Energieversorgung Waldeck Frankenberg)

Grundsätzlich besteht für Fahrzeuge mit alternativen Antrieben keine Kennzeichnungspflicht. Aufgrund der Speicherung in zylindrischen Gasflaschen besteht unter Umständen die Möglichkeit, beim Blick unter den Fahrzeugboden bzw. in den Kofferraum diese zu identifizieren.

Nach erfolgter Erkundung wird eine Gefahrenbeurteilung gemäß FwDV100 nach dem bekannten Schema 4A-1C-4E durchgeführt.

- **Atemgifte**
- **Ausbreitung**
- Angstreaktionen
- Atomare Gefahren
- Chemische Gefahren
- **Elektrizität**
- Erkrankung
- Einsturz
- **Explosion**

In Bezug auf das hier betrachtete Erdgas sind die oben fett gedruckten Punkte des Gefahrenschemas zu beachten.

Hinweis: Da sich dieses Buch ausschließlich mit den besonderen Gegebenheiten bei Fahrzeugen mit alternativen Antrieben befasst, werden die generellen Gesichtspunkte bei Einsätzen der Feuerwehr bei Verkehrsunfällen hier verständlicherweise nicht betrachtet.

■ Atemgifte

Erdgas im eigentlichen Sinne ist nicht giftig. Es zählt zu den Atemgiften mit Sauerstoff verdrängender Wirkung. In der Regel ist davon auszugehen, dass bei Unfällen im Freien keine hinreichend große Erdgaskonzentration entstehen kann, die für eine gefährliche Verringerung der Sauerstoffkonzentration sorgen könnte. Bei Einsätzen in geschlossenen Räumen sollte neben einer Messung der Erdgaskonzentration aus Sicherheitsgründen auch eine Sauerstoffkonzentrationsmessung vorgenommen werden.

■ Ausbreitung

Das bei einer Leckage von Hochdruckbehältern frei werdende Gas ist leichter als Luft und wird daher nach oben entweichen. Im Vergleich zu Wasserstoff wird dieses deutlich langsamer stattfinden, da Erdgas im Vergleich zu Wasserstoff eine deutlich höhere molekulare Masse hat.

Grundsätzlich kann davon ausgegangen werden, dass die entsprechenden Sicherheitseinrichtungen (insbesondere das Magnetventil) bei einem Unfallszenario ansprechen und so ein Entweichen von Gas verhindern. Aufgrund seiner Bauart kann das Magnetventil in seiner Sicherheitsfunktion beeinträchtigt werden, wenn (durch beispielsweise das Unfallgeschehen) der Elektromagnet im Verhältnis zum eigentlichen Ventil verbogen wird (*vgl. Abb. 30*). Tritt dieser Fall ein, bevor das Ventil geschlossen hat, wovon im Crashfall ausgegangen werden muss, so kann das Magnetventil seine Sicherheitsfunktionen nicht mehr wahrnehmen. Aus diesem Grund versehen viele Fahrzeughersteller die Magnetventile mit dem bereits erwähnten zusätzlichen Schutzkäfig.

Abbildung 37: Einbausituation Magnetventil
(Quelle: Linde)

Die Gefahr einer Beschädigung des Magnetventils ist insbesondere dann gegeben, wenn das Fahrzeug einen Seitenaufprall in Höhe der Druckbehälter erfahren hat. Und hier insbesondere dann, wenn der Aufprall auf der Ventilseite erfolgt ist. Die Lage der Druckbehälter sowie der Ventile sind dem Rettungsdatenblatt zu entnehmen.

Durch die Ausbreitung werden sowohl Einsatzkräfte, betroffene Fahrzeuginsassen wie auch die Umgebung gefährdet.

■ Elektrizität

Die Gefahr durch Elektrizität in Verbindung mit austretendem Erdgas liegt primär in der Möglichkeit, dass eventuell vorhandene elektrische Geräte bzw. beschädigte Leitungen elektrische Funken erzeugen, die dann ihrerseits das vorhandene Gas-Luft-Gemisch entzünden könnten, d.h. die Elektrizität stellt hier nur eine indirekte Gefahr dar. Die erforderlichen Maßnahmen werden unter Punkt „Explosion" behandelt.

Die Gefahr durch Elektrizität besteht für die Einsatzkräfte, betroffene Fahrzeuginsassen und gegebenenfalls Personen in der Umgebung.

■ Explosion

Aufgrund der weiten Explosionsgrenze von Erdgas in Verbindung mit Luft von 4 Vol.% bis 16,5 Vol.% besteht bei einer Leckage absolute Explosionsgefahr. Da bei der Feuerwehr vorhandene Messgeräte in der Regel nicht auf Erdgas abgeglichen sind, ist mit diesen Geräten eine exakte Konzentrationsmessung nicht möglich. In diesem Fall können die Messgeräte primär als Nachweisgeräte für ein Vorhandensein eines zündfähigen Gemisches eingesetzt werden.

Wird ein zündfähiges Gemisch nachgewiesen, so sind die notwendigen Maßnahmen gegen eine Explosionsgefahr zu treffen. Ist eine Menschenrettung erforderlich, so darf diese nur unter strikter Beachtung des Ex-Schutzes durchgeführt werden.

> **Merke:** Insbesondere das üblicherweise durchgeführte Abklemmen der Fahrzeugbatterie bedarf in diesem Falle einer intensiven vorherigen Prüfung.

Da in der Regel noch elektrische Verbraucher mit der Batterie verbunden sind, entsteht häufig beim Abklemmen der Batteriepole ein elektrischer Abreißfunken. Es ist daher zu prüfen, ob das damit verbundene Risiko in einem angemessenen Verhältnis zu dem erstrebten Zweck steht, eventuelle Abreißfunken während der technischen Rettung zu verhindern. Im Zweifel sollte von dieser Maßnahme Abstand genommen werden.

Eventuell eingesetzte Geräte müssen explosionsgeschützt sein. Das gilt auch für eventuelle persönliche Ausrüstungsgegenstände der Einsatzkräfte (zum Beispiel Funkalarmempfänger). Maßnahmen, wie sie in Fällen von austretendem Kraftstoff üblich sind, da dessen Dämpfe ebenfalls zündfähige Gemische bilden können, sind bei austretendem Erdgas nur bedingt wirksam. Insbesondere das Beschäumen ist bei austretendem Erdgas wenig sinnvoll, da das austretende Gas nach oben entweicht.

Ist kein Feuerwehreinsatz zur Menschenrettung erforderlich, so ist der Gefahrenbereich abzusperren und das Betreten, auch für Einsatzkräfte, zu verhindern.

Im Falle einer Beflammung ist der Druckbehälter aus sicherer Entfernung unter Ausnutzung massiver Deckung zu kühlen. Für PKW und Kleintransporter beträgt dabei der primäre Räumungsradius 50 m, der sekundäre Räumungsradius bei Berstgefahr 100 m (bei LKW und Bussen größer). Dabei sollte vorzugsweise das Fahrzeug von hinten rechts bzw. hinten links gekühlt werden. Einmal durch Brand beaufschlagte Behälter, bei denen die Temperatursicherung nicht angesprochen hat, müssen durch entsprechende Fachkräfte versorgt werden. Entsprechende Fahrzeuge dürfen ohne vorherige Begutachtung durch einen Fachmann nicht bewegt werden. (Dies gilt insbesondere für Compositebehälter.)

Es handelt sich hierbei sowohl um eine Gefahr für die Einsatzkräfte, die betroffenen Fahrzeuginsassen sowie Personen in der Umgebung.

Abbildung 38: Druck-
gasbehälter nach Be-
flammung (Quelle: Adam
Opel AG)

5.3 Einsatzmaßnahmen

- Zündung ausschalten
- Batterien abklemmen (beachte hierzu gesonderte Maßnahmen bei Nutz-
  fahrzeugen)
- Wenn möglich/zugänglich, Magnetventil auf Beschädigung (verbogen)
  prüfen
- Ggf. Menschenrettung durchführen

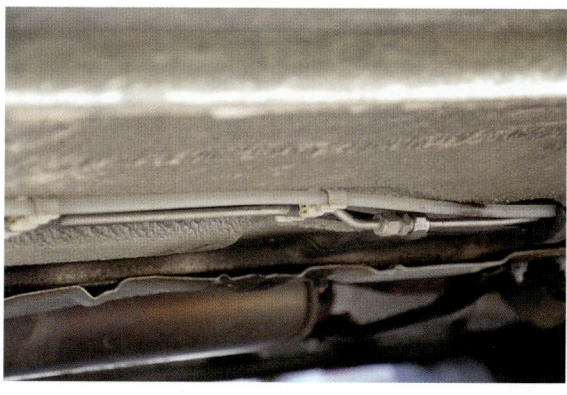

Abbildung 39: Gas-
leitung nicht beschädigen
(Quelle: Linde)

- Beim Unterbauen des Fahrzeuges auf eventuell vorhandene Gasleitungen achten
- Kein Heben des Fahrzeuges, zum Beispiel mit hydraulischem Rettungsgerät, im Bereich des Druckgasbehälters inklusive Hochdruckleitungen keine punktförmige Belastung; ist das Heben im Bereich des Druckgasbehälters notwendig, so sind großflächig arbeitende Heber wie zum Beispiel Hebekissen einzusetzen und ein Einklemmen der Hochdruckleitung ist zu vermeiden
- Während aller Einsatzmaßnahmen ständig Ex-Messungen durchführen

■ Einsatzmaßnahmen bei austretendem Erdgas

- Motor abstellen
- Zündung ausschalten
- Ggf. Menschenrettung durchführen, dabei jegliche Funkenbildung vermeiden
- Fahrzeugbatterie nicht abklemmen, Abreißfunkenbildung vermeiden
- Gefahrenbereich gemäß Feuerwehrdienstvorschrift absperren und räumen. Für PKW und Kleintransporter beträgt dabei der primäre Räumungsradius 50 m, der sekundäre Räumungsradius bei Berstgefahr 100 m (bei LKW und Bussen größer).
- Sämtliche Zündquellen im Gefahrenbereich vermeiden
- Ständige Kontrolle der Gaskonzentration
- Ggf. außerhalb des gefährdeten Bereiches Überdrucklüfter einsetzen, um eine Veringerung der Gaskonzentration zu beschleunigen.

■ Einsatzmaßnahmen bei Fahrzeugbränden

- Brände, die nicht die Gasanlage betreffen, unter Beachtung der Eigensicherung sofort löschen
- Ggf. Menschenrettung durchführen, Eigensicherung beachten
- Gefahrenbereich gemäß Feuerwehrdienstvorschrift absperren und räumen
- Brände der Gasanlage wenn möglich nicht löschen (kontrolliert brennendes Gas ist ungefährlich)

- Bei auf dem Dach oder der Seite liegenden Fahrzeugen mögliche Stichflammenbildung aus Sicherheitsventil(-en) beachten
- Umluftunabhängigen Atemschutz und Hitzeschutz mind. Form II anlegen
- Eine ausreichende Löschwasserversorgung sicherstellen, wenn ohne Löschen der Gasflamme möglich, Druckbehälter aus sicherer Deckung kühlen; für PKW und Kleintransporter beträgt dabei der primäre Räumungsradius 50 m, der sekundäre Räumungsradius bei Berstgefahr 100 m (bei LKW und Bussen größer).

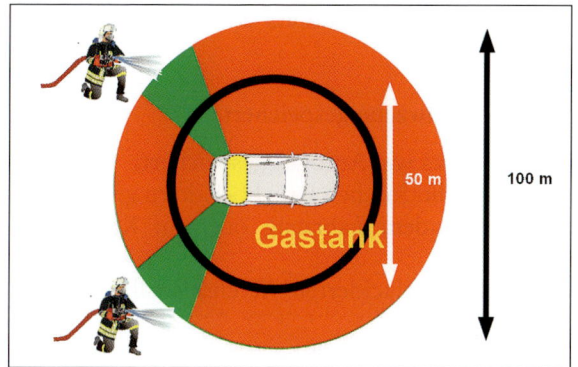

Abbildung 40: Sichere Angriffsrichtung (Quelle: Linde)

Abbildung 41: Aus sicherer Entfernung kühlen (Quelle: DYNETEK EUROPE GmbH)

5.4 Selbstkontrolle und Testfragen

(Lösungen siehe Seite 96)

1. Welche Eigenschaften von Erdgas treffen zu?

a) Erdgas ist geringfügig leichter als Luft.

b) Erdgas ist wesentlich leichter als Luft und entweicht sofort nach oben.

c) Erdgas ist schwerer als Luft und sammelt sich daher am Boden und in Senken.

d) Dem Erdgas wird ein Geruchsstoff zugemischt, damit ausströmendes Erdgas sofort zu riechen ist.

2. In welcher Form wird Erdgas im Fahrzeug gespeichert?

a) Erdgas wird in identischen Gastanks wie Autogas gespeichert.

b) Erdgas wird bei hohem Druck in zylindrischen Druckbehältern gespeichert, die in der Regel entweder unter dem Fahrzeug oder im Kofferraum eingebaut sind.

c) Erdgas wird ausschließlich in rot lackierten Wechselgasflaschen im Fahrzeug gelagert.

3. Welche Aussagen über das Verhalten bei Bränden von Fahrzeugen mit Erdgasantrieb treffen zu?

a) Brennt das Fahrzeug nicht im Bereich des Druckbehälters, ist ein Löschen wie gewohnt möglich.

b) Fahrzeuge mit Erdgasantrieb dürfen im Brandfall grundsätzlich nicht gelöscht werden.

c) Erdgas verbrennt mit einer bei Tageslicht praktisch nicht sichtbaren Flamme.

d) Tritt Erdgas brennend aus der Thermosicherung aus, sollte das brennende Gas nach Möglichkeit nicht gelöscht werden, sondern nur der Behälter und die Umgebung gekühlt werden.

4. Welche Aussagen über die Sicherheitseinrichtungen bei Erdgas treffen zu?

a) Bei einem Bruch der Versorgungsleitung zwischen Druckbehälter und Zumischeinrichtung im Motorraum strömt der gesamte Tankinhalt aus.

b) Bei einem Bruch der Versorgungsleitung zwischen Druckbehälter und Zumischeinrichtung im Motorraum sorgen Sicherheitsventile durch ein sofortiges Abschalten dafür, dass der Tankinhalt nicht unkontrolliert ins Freie abströmen kann.

c) Die Druckbehälter in Erdgasfahrzeugen verfügen über Sicherheitsventile, die bei Überdruck ein sicheres Abblasen der Tanks ermöglichen.

d) Bei Ansprechen der Thermosicherung strömt der gesamte Tankinhalt aus.

e) Bei Abschalten der 12-V-Versorgung werden die Leitungssicherungsventile sofort geschlossen.

6   Wasserstoffgas

Wasserstoff hat die Ordnungszahl eins und steht im Periodensystem der Elemente an der ersten Stelle. In reiner Form liegt Wasserstoff als zweiatomiges Gas (Molekül) vor. Aus dem lateinischen Namen des Wasserstoffs Hydrogenium leiten sich verschiedene technische Bezeichnungen bei der Verwendung als Treibstoff ab, zum Beispiel Opel HydroGen4.

Wasserstoffgas hat bei Normbedingungen eine Dichte von ca. 0,09 kg/m^3 und ist damit um ein Vielfaches leichter als Luft. Infolgedessen wird austretendes Wasserstoffgas in der Atmosphäre sofort nach oben steigen und sich damit sehr schnell verdünnen. Aufgrund des relativ niedrigen Siedepunktes von etwa −253 °C wird Wasserstoff in der Regel im gasförmigem Aggregatzustand verwendet.

Wasserstoff hat mit ca. 570 °C zwar eine deutlich höhere Selbstentzündungstemperatur im Vergleich zu Benzin. Im Vergleich zu Benzindämpfen benötigt ein zündfähiges Wasserstoff-Luft-Gemisch aber eine deutlich geringere Zündenergie zur Durchzündung, d.h., der Funken einer statischen Entladung ist ausreichend, um ein derartiges Gasgemisch zu zünden.

In einem Bereich von 4 Vol.% bis 73 Vol.% bei der Vermischung mit Luft bildet Wasserstoff zündfähige Gemische.

Bei Tageslicht ist eine brennende Wasserstoffflamme optisch nicht wahrnehmbar.

Wasserstoffgas ist im Gegensatz zu Flüssiggas bzw. Erdgas nicht mit einem Geruchsstoff versehen. Das austretende Wasserstoffgas ist vollkommen geruch- und farblos. Es ist daher mit unseren Sinnesorganen nicht wahrnehmbar.

Abbildung 42: Schnitt-
zeichnung Wasserstoff-
fahrzeug (Quelle: Adam
Opel AG)

6.1 Technischer Aufbau

Als Antriebsenergie für Kraftfahrzeuge tritt Wasserstoff in zwei
Anwendungsformen auf. Zum einen wird Wasserstoff als Treibstoff in
herkömmlichen Verbrennungsmotoren eingesetzt. Es handelt sich hierbei
um keine verbreitete Technologie. Zum anderen wird Wasserstoff als
Energielieferant für sogenannte Brennstoffzellen verwendet. In diesen
sogenannten Brennstoffzellen erfolgt eine chemische Reaktion zwischen
Wasserstoff und Luftsauerstoff. Bei dieser „kalten Verbrennung" liefert die
Brennstoffzelle elektrische Energie. Bei Brennstoffzellen-Fahrzeugen handelt
es sich i.d.R. immer um Hybridfahrzeuge mit einer Hochvoltbatterie als
Speicher u.a. für zurückgewonnene Bremsenergie. Diese wird dann
vergleichbar dem Elektro- bzw. dem Elektrohybridfahrzeug in Vortrieb
umgesetzt. Auf die Beschreibung der elektrischen Antriebstechnik wird
daher in diesem Kapitel verzichtet.

Für die Speicherung des Wasserstoffgases stehen prinzipiell drei unterschiedliche Verfahren zur Verfügung. Die dabei verwendeten Verfahren sind die
Druck- und Flüssigwasserstoffspeicherung sowie die Speicherung in Metallhydriden. Die Speicherung in Metallhydriden findet in der Fahrzeugtechnik
derzeit keine Anwendung.

Wasserstoffgas

Die einfachste Form bildet die Speicherung in (in der Regel) zylindrischen Druckgasbehältern, in denen das Wasserstoffgas bei Drücken von bis zu 700 bar gespeichert wird. Der sehr hohe Druck in Verbindung mit der Tatsache, dass Wasserstoffmoleküle äußerst kleine Moleküle sind, stellen an die Beschaffenheit der Behälter erhebliche Anforderungen.

Das Problem der Flüssigwasserstoffspeicherung liegt in der extrem niedrigen Siedetemperatur von etwa −253 °C. Das bedeutet, dass an die Isolierung dieser Speicher technisch hohe Anforderungen gestellt werden. Bei der Isolierung wird entweder ein Vakuum vergleichbar der Thermoskanne oder Isolierung auf Kunststoffbasis verwendet. Unabhängig von der verwendeten Isolierung ist ein langsamer Temperaturanstieg im Behälter technisch nicht vermeidbar. Daher kommt es bei der Flüssigwasserstoffspeicherung ständig zu einem geringen Verdampfen des Inhaltes, der über entsprechende Sicherheitsventile an die Umgebung abgegeben werden muss. Je nach Umgebungsbedingungen kann dies bis zu 3 % des Inhaltes pro Tag ausmachen. Man spricht in diesem Zusammenhang vom sogenannten Boil-Off.

Bei der am weitesten verbreiteten Speicherung in Druckgasflaschen sorgen verschiedene technische Vorrichtungen für einen sicheren Betrieb. Im Gegensatz zu Flüssiggasbehältern verfügen die Druckgasbehälter bei Wasserstofffahrzeugen nicht über Überdruckventile. Stattdessen sind die Behälter mit Temperatursicherungen versehen. Werden die Behälter längere Zeit dem Feuer ausgesetzt, sprechen diese Sicherungen an und ermöglichen so ein Abblasen des Wasserstoffs, um den Behälterdruck abzubauen. Sprechen diese Sicherungen an, ist dies anhand eines lauten zischenden Geräusches wahrnehmbar.

Weiterhin sind auch diese Behälter mit elektrischen Sicherheitsventilen ausgestattet, die sowohl zur Füllleitung wie auch zum Verbraucher, sei es Verbrennungsmotor oder Brennstoffzelle, das Abgeben von Wasserstoff verhindern. Diese elektrischen Ventile werden sowohl beim Abschalten des Fahrzeuges wie auch beim Auslösen der Crashsensoren (Auslösung Airbag, Auslösung Gurtstraffer, Erkennung Fahrzeugüberschlag) aktiviert.

Grundsätzlich kann davon ausgegangen werden, dass die entsprechenden Sicherheitseinrichtungen (insbesondere das Magnetventil) bei einem Unfallszenario ansprechen und so ein Entweichen von Gas verhindern. Wie schon beim Erdgas erläutert kann das Magnetventil aufgrund seiner Bauart in seiner Sicherheitsfunktion beeinträchtigt werden, wenn (durch beispielsweise das Unfallgeschehen) der Elektromagnet im Verhältnis zum eigentlichen Ventil verbogen wird (*vgl. Abb. 30*). Tritt dieser Fall ein, bevor das Ventil geschlossen hat, wovon im Crashfall ausgegangen werden muss, so kann das Magnetventil seine Sicherheitsfunktionen nicht mehr wahrnehmen. Aus diesem Grund versehen viele Fahrzeughersteller die Magnetventile mit einem zusätzlichen Schutzkäfig. Die Gefahr einer Beschädigung des Magnetventils ist insbesondere dann gegeben, wenn das Fahrzeug einen Seitenaufprall in Höhe der Druckbehälter erfahren hat. Und hier insbesondere dann, wenn der Aufprall auf der Ventilseite erfolgt ist. Die Lage der Druckbehälter sowie der Ventile sind dem Rettungsdatenblatt zu entnehmen.

Häufig finden sich in mit Wasserstoff betriebenen Kraftfahrzeugen im Innenraum zusätzliche Wasserstoffsensoren, die bei Ansammlung von Wasserstoff im Innenraum die Fahrzeuginsassen vor dieser Gefahr warnen. Inwieweit diese Sensoren nach einem Unfall und gegebenenfalls nach dem Abschalten der Energieversorgung durch die Feuerwehr noch einsatzfähig sind, ist fraglich. In jedem Fall sollte sich der Einsatzleiter der Feuerwehr nicht auf das Funktionieren dieser Sensoren verlassen.

6.2 Taktische Maßnahmen

Da Fahrzeuge mit alternativen Antrieben, insbesondere bei Wasserstoffgasantrieb nicht von vornherein als solche erkannt werden können, erfolgt ein grundsätzliches Vorgehen gemäß Feuerwehrdienstvorschrift 100.

Hiernach erfolgt die Anfahrt zunächst in der Form, dass das erste eintreffende Einsatzfahrzeug in einem ausreichenden Sicherheitsabstand auf Weisung des Fahrzeugführers anhält, worauf dieser eine erste Erkundung durchführt. Dabei ist ständig auf eine ausreichende Absicherung gegen den fließenden Verkehr zu achten!

Die Erkundung gemäß Feuerwehrdienstvorschrift (FwDV) 100 ist daraufhin ausgerichtet, dass eine sachgerechte Gefahrenbeurteilung auf Basis der Erkundungsergebnisse erfolgen kann.

Unabhängig von Fahrzeugtyp und Antriebsart erfolgt zunächst eine Überprüfung, ob eine Gefahr für Menschen oder Tiere besteht.

Wenn möglich sollte bei Verdacht auf Vorliegen eines Wasserstoffantriebs versucht werden, auf das entsprechende Rettungsdatenblatt zurückzugreifen.

Abbildung 43: Wasserstoff Befüllanschluss (Quelle: Daimler Benz AG)

Im Rahmen dieser Erkundung erfolgt selbstverständlich auch eine Feststellung einer möglichen Gefahr durch mitgeführte Energieträger, sei es Kraftstoff in Form von Vergaser-Dieselkraftstoff, Flüssiggas, Erdgas oder Wasserstoffgas. Ebenso erfolgt eine Erkundung in Bezug auf mögliche vorhandene elektrische Energiespeicher. Dies betrifft zunächst einmal die bei praktisch allen Fahrzeugen vorhandene (Starter-)Batterie ebenso wie eventuell vorhandene Hochvoltbatterien, die dem Fahrzeugantrieb dienen. Wesentlicher Teil dieser Erkundung ist eine Prüfung auf eventuelle Beschädigungen der jeweiligen Vorratsbehälter und damit mögliche Leckagen.

Grundsätzlich unterscheiden sich Fahrzeuge mit alternativen Antrieben nicht von herkömmlich angetriebenen Kfz und sind daher nicht sofort und eindeutig erkennbar. Häufig finden sich bei Fahrzeugen mit Wasserstoffantrieb Typen-bezeichnungen auf dem Fahrzeug, die den Begriff „Hydro" beinhalten. Derartige Schriftzüge lassen die Vermutung zu, dass es sich bei dem vorliegen-den Fahrzeug um ein Fahrzeug mit Wasserstoffantrieb handelt. Wird der Wasserstoff in Druckgaszylindern gespeichert, befinden sich diese in der Regel im hinteren Teil der Bodengruppe/Kofferraum des Fahrzeuges. Aufgrund ihrer charakteristischen Formen sind diese normalerweise leicht auszumachen. Jedoch kann nicht in jedem Fall wegen möglicherweise vorhandener Verklei-dungsbleche von einer unmittelbaren Sichtbarkeit ausgegangen werden.

Bei der Flüssigwasserstoffspeicherung kommen derzeit praktisch ausschließ-lich zylindrische Behälter zum Einsatz.

Wurde das Fahrzeug als Wasserstofffahrzeug identifiziert, so ist es zusätzlich erforderlich festzustellen, ob es sich im vorliegenden Fall um ein Fahrzeug mit Brennstoffzellenantrieb handelt. (Dies ist der überwiegende Teil der Wasserstofffahrzeuge.) Bei einem ausschließlichen Brennstoffzellenantrieb ist diese Feststellung sehr einfach, da den Fahrzeugen ein entsprechender Verbrennungsmotor fehlt.

(Siehe zum Thema Erkundung auch *Kap. 2 „Fahrzeugdatenbank beim Kraftfahrtbundesamt"*)

Nach erfolgter Erkundung wird eine Gefahrenbeurteilung gemäß FwDV100 nach dem bekannten Schema 4A-1C-4E durchgeführt.

- Atemgifte
- **Ausbreitung**
- Angstreaktionen
- Atomare Gefahren
- Chemische Gefahren
- **Elektrizität**
- Erkrankung
- Einsturz
- **Explosion**

In Bezug auf das hier betrachtete Wasserstoffgas sind die oben fett gedruckten Punkte des Gefahrenschemas zu beachten. Um unnötige Wiederholungen zu vermeiden, wurde auf die Beschreibung der hochspannungsspezifischen Gefahren bei Brennstoffzellen bewusst verzichtet. Diesbezüglich ist das entsprechende Kapitel über Elektro-und Elektrohybridfahrzeuge zu beachten.

Hinweis: Da sich dieses Buch ausschließlich mit den besonderen Gegebenheiten bei Fahrzeugen mit alternativen Antrieben befasst, werden die generellen Gesichtspunkte bei Einsätzen der Feuerwehr bei Verkehrsunfällen hier nicht betrachtet.

■ Ausbreitung

Das bei einer Leckage von Hochdruckbehältern frei werdende Gas ist um ein Vielfaches leichter als Luft und wird von daher sofort nach oben entweichen. Wird der Wasserstoff in flüssiger Form in tiefkaltem Zustand gespeichert, besteht bei Berührung mit austretendem flüssigem Wasserstoff die Gefahr einer Kälteverbrennung (sehr selten noch zu finden).

Eine besondere Ausbreitungsgefahr liegt darin begründet, dass eine Wasserstoffflamme bei Tageslicht mit dem menschlichen Auge praktisch nicht wahrnehmbar ist. Tritt Wasserstoff brennend aus, so ist dies nur an der Wärmestrahlung bzw. an der Auswirkung der Wärmestrahlung auf die Umgebung zu erkennen. Aufgrund der erheblichen Wärmefreisetzung ist eine Wasserstoffflamme mit einer Wärmebildkamera aber leicht zu erkennen.

Durch die Ausbreitung werden sowohl Einsatzkräfte, betroffene Fahrzeuginsassen wie auch die Umgebung gefährdet.

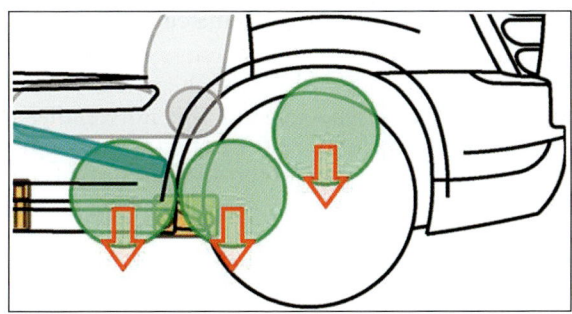

Abbildung 44: Abblas-richtung Wasserstoff-behälter (Quelle Adam Opel AG)

- **Elektrizität**

Die Gefahr durch Elektrizität in Verbindung mit austretendem Wasserstoff-gas liegt primär in der Möglichkeit, dass eventuell vorhandene elektrische Geräte bzw. beschädigte Leitungen elektrische Funken erzeugen, die dann ihrerseits das vorhandene Gas-Luft-Gemisch entzünden könnten, d.h. die Elektrizität stellt hier nur eine indirekte Gefahr dar. Die erforderlichen Maßnahmen werden unter Punkt „Explosion" behandelt.

Die Gefahr durch Elektrizität besteht für die Einsatzkräfte, betroffene Fahrzeuginsassen und gegebenenfalls Personen in der Umgebung.

In Bezug auf den Brennstoffzellenantrieb gelten zusätzlich dieselben elektri-schen Gefahren wie sie im Kapitel Elektro- und Elektrohybridantriebe behandelt wurden.

- **Explosion**

Aufgrund der weiten Zündgrenze von Wasserstoffgas in Verbindung mit Luft von 4 Vol.% bis 73 Vol.%. besteht bei einer Leckage absolute Explosionsge-fahr. Insbesondere in geschlossenen Räumen, wo sich das Wasserstoffgas unter der Decke sammeln kann, ist mit dieser Gefahr zu rechnen. Da bei der Feuerwehr vorhandene Messgeräte in der Regel nicht auf Wasserstoffgas kalibriert sind, ist mit diesen Geräten eine exakte Konzentrationsmessung nicht möglich. In diesem Fall können die Messgeräte primär als Nachweisgeräte für ein Vorhandensein eines zündfähigen Gemisches eingesetzt werden.

Wird ein zündfähiges Gemisch nachgewiesen, so sind die notwendigen Maßnahmen gegen eine Explosionsgefahr zu treffen. Ist eine Menschenrettung erforderlich, so darf diese nur unter strikter Beachtung des Ex-Schutzes durchgeführt werden.

Zu diesen Ex-Schutz-Maßnahmen zählt auch die ständige Durchführung von Ex-Messungen mithilfe eines Explosionsgrenzenwarngerätes. Diese Geräte sind auch einzusetzen, wenn sie nicht auf Wasserstoff kalibriert sind. Vor dem Einsatz der jeweiligen Messgeräte ist in jedem Fall zu prüfen ob das Gerät entsprechend der europäischen Richtlinie 94/9/EG (Atex-Richtlinie) für den Einsatz in einer Wasserstoffatmosphäre geeignet ist. Dies ist nur dann der Fall, wenn das Gerät der Explosionsgruppe IIC (gem. Atex) entspricht. Die entsprechende Einstufung ist auf dem Typenschild des Messgerätes vermerkt.

> **Merke:** Das üblicherweise durchgeführte Abklemmen der Fahrzeugbatterie bedarf einer intensiven vorherigen Prüfung.

Da in der Regel noch elektrische Verbraucher mit der Batterie verbunden sind, entsteht häufig beim Abklemmen der Batteriepole ein elektrischer Abreißfunken. Es ist daher zu prüfen, ob das damit verbundene Risiko in einem angemessenen Verhältnis zu dem erstrebten Zweck steht, eventuelle Abreißfunken während der technischen Rettung zu verhindern. Im Zweifel sollte von dieser Maßnahme Abstand genommen werden

Eingesetzte Geräte müssen explosionsgeschützt sein. Das gilt auch für persönliche Ausrüstungsgegenstände der Einsatzkräfte (zum Beispiel Funkalarmempfänger). Maßnahmen, wie sie in Fällen von austretendem Kraftstoff üblich sind, da dessen Dämpfe ebenfalls zündfähige Gemische bilden können, sind bei austretendem Wasserstoffgas nur bedingt wirksam. Insbesondere das Beschäumen ist bei austretendem Wasserstoffgas wenig sinnvoll, da das Gas sofort nach oben entweicht.

Im Falle einer Beflammung ist der Druckbehälter aus sicherer Entfernung unter Ausnutzung massiver Deckung zu kühlen. Für PKW und Kleintransporter beträgt dabei der primäre Räumungsradius 50 m, der sekundäre Räumungsradius bei Berstgefahr 100 m (bei LKW und Bussen größer). Dabei sollte vorzugsweise das Fahrzeug von hinten rechts bzw. hinten links gekühlt werden. Einmal durch Brand beaufschlagte Behälter, bei denen die Temperatursicherung nicht angesprochen hat, müssen durch entsprechende Fachkräfte versorgt werden. Entsprechende Fahrzeuge dürfen ohne vorherige Begutachtung durch einen Fachmann nicht bewegt werden. (Dies gilt insbesondere für Compositebehälter.)

Abbildung 45: Aufbau Compositebehälter (Quelle: DYNETEK EUROPE GmbH)

Ist kein Feuerwehreinsatz zur Menschenrettung erforderlich, so ist der Gefahrenbereich abzusperren und das Betreten, auch für Einsatzkräfte, zu verhindern.

Es handelt sich hierbei sowohl um eine Gefahr für die Einsatzkräfte, die betroffenen Fahrzeuginsassen sowie Personen in der Umgebung.

6.3 Einsatzmaßnahmen

- Zündung ausschalten
- Batterien abklemmen (beachte hierzu gesonderte Maßnahmen bei Nutz-fahrzeugen)
- Ggf. Menschenrettung durchführen
- Beim Unterbauen des Fahrzeuges auf eventuell vorhandene Gasleitungen achten
- Kein Heben des Fahrzeuges, zum Beispiel mit hydraulischem Rettungsgerät, im Bereich des Druckgasbehälters inklusive Hochdruckleitungen keine punktförmige Belastung; ist das Heben im Bereich des Druckgasbehälters notwendig, so sind großflächig arbeitende Heber wie zum Beispiel Hebekissen einzusetzen und ein Einklemmen der Hochdruckleitung ist zu vermeiden
- Während aller Einsatzmaßnahmen ständig Ex-Messungen durchführen

■ Einsatzmaßnahmen bei austretendem Wasserstoffgas

- Motor abstellen
- Zündung ausschalten
- Ggf. Menschenrettung durchführen, dabei jegliche Funkenbildung vermeiden
- Fahrzeugbatterie nicht abklemmen, Abreißfunkenbildung vermeiden

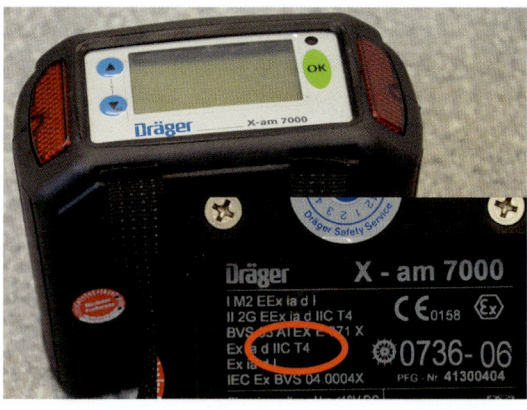

Abbildung 46: Ex-Mess-gerät für Einsatz in Wasserstoffatmosphäre (Quelle: Linde)

- Gefahrenbereich gemäß Feuerwehrdienstvorschrift absperren und räumen
- Sämtliche Zündquellen im Gefahrenbereich vermeiden
- Ständige Kontrolle der Gaskonzentration

■ Einsatzmaßnahmen bei Fahrzeugbränden

- Brände, die nicht die Gasanlage betreffen, unter Beachtung der Eigensicherung sofort löschen
- Ggf. Menschenrettung durchführen, Eigensicherung beachten
- Gefahrenbereich gemäß Feuerwehrdienstvorschrift/vfdb-Merkblatt absperren und räumen
- Bei auf dem Dach oder der Seite liegenden Fahrzeugen mögliche Stichflammenbildung aus Sicherheitsventil(-en) beachten
- Brände der Gasanlage wenn möglich nicht löschen (kontrolliert brennendes Gas ist ungefährlich)
- Umluftunabhängigen Atemschutz und Hitzeschutz mind. Form II anlegen
- Eine ausreichende Löschwasserversorgung sicherstellen
- Wenn ohne Löschen der Gasflamme möglich, Druckbehälter aus sicherer Deckung kühlen. Für PKW und Kleintransporter beträgt dabei der primäre Räumungsradius 50 m, der sekundäre Räumungsradius bei Berstgefahr 100 m (bei LKW und Bussen größer). Dabei ist insbesondere zu berücksichtigen, dass eine brennende Gasflamme bei Tageslicht mit dem menschlichen Auge praktisch nicht wahrnehmbar ist.

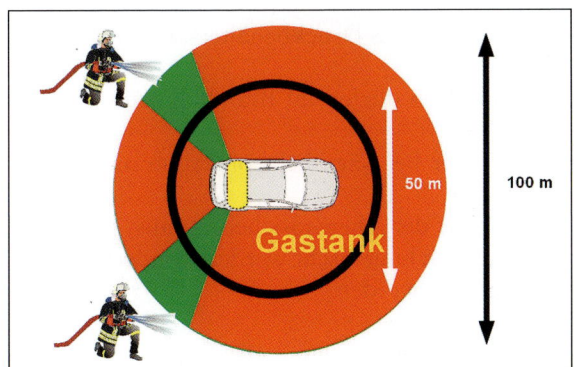

Abbildung 47: Sichere Angriffsrichtung (Quelle: Linde)

6.4 Selbstkontrolle und Testfragen

(Lösungen siehe Seite 96)

1. Welche Eigenschaften von Wasserstoffgas treffen zu?

a) Wasserstoffgas ist geringfügig leichter als Luft.

b) Wasserstoffgas ist wesentlich leichter als Luft und entweicht sofort nach oben.

c) Wasserstoffgas ist schwerer als Luft und sammelt sich daher am Boden und in Senken.

d) Dem Wasserstoffgas wird ein Geruchsstoff zugemischt, damit ausströmendes Wasserstoffgas sofort zu riechen ist.

2. In welcher Form wird Wasserstoffgas im Fahrzeug gespeichert?

a) Wasserstoffgas wird in identischen Gastanks wie Autogas gespeichert.

b) Wasserstoffgas wird bei hohem Druck in zylindrischen Druckbehältern gespeichert, die in der Regel entweder unter dem Fahrzeug oder im Kofferraum eingebaut sind.

c) Wasserstoffgas wird ausschließlich in rot lackierten Wechselgasflaschen im Fahrzeug gelagert.

3. Welche Aussagen über das Verhalten bei Bränden von Fahrzeugen mit Wasserstoffgasantrieb treffen zu?

a) Brennt das Fahrzeug nicht im Bereich des Druckbehälters, ist ein Löschen wie gewohnt möglich.

b) Fahrzeuge mit Wasserstoffgasantrieb dürfen im Brandfall grundsätzlich nicht gelöscht werden.

c) Wasserstoffgas verbrennt mit einer bei Tageslicht praktisch nicht sichtbaren Flamme.

d) Tritt Wasserstoffgas brennend aus der Thermosicherung aus, sollte das brennende Gas nach Möglichkeit nicht gelöscht werden, sondern nur der Behälter und die Umgebung gekühlt werden.

4. Welche Aussagen über die Sicherheitseinrichtungen bei Wasserstoffgas treffen zu?

a) Bei einem Bruch der Versorgungsleitung zwischen Druckbehälter und Zumischeinrichtung im Motorraum strömt der gesamte Tankinhalt aus.

b) Bei einem Bruch der Versorgungsleitung zwischen Druckbehälter und Zumischeinrichtung im Motorraum sorgen Sicherheitsventile durch ein sofortiges Abschalten dafür, dass der Tankinhalt nicht unkontrolliert ins Freie abströmen kann.

c) Die Druckbehälter in Wasserstoffgasfahrzeugen verfügen über Sicherheitsventile, die bei Überdruck ein sicheres Abblasen der Tanks ermöglichen.

d) Bei Ansprechen der Thermosicherung strömt der gesamte Tankinhalt aus.

e) Bei Abschalten der 12-V-Versorgung werden die Leitungssicherungsventile sofort geschlossen.

7 Literatur- und Quellenverzeichnis

Leitfaden für Rettungsdienste; Hinweise zur Unfallrettung aus verunfallten Fahrzeugen der Volkswagen AG mit alternativen Antrieben; Ausgabe: Dezember 2010

Leitfaden für Rettungsdienste, Hinweise zur Unfallrettung aus verunfallten Fahrzeugen der Volkswagen AG mit Sicherheitssystemen, Ausgabe: Dezember 2010

Leitfaden für Rettungskräfte; Omnibusse Auszug Hybridfahrzeuge – Ausgabe: 2011, Mercedes-Benz AG

Leitfaden für Pannenhelfer, Renault Twizy, Renault AG, März 2012

Merkblatt Verhalten nach Verkehrsunfällen mit alternativ betriebenen Kraftfahrzeugen; Ärztlicher Dienst – Arbeitsschutz – der Polizei Berlin

Tribute Hybrid, Emergency Response Guide, Mazda 9999-95-ERG-08HEV

Informationen und Leitfaden für Einsatzkräfte (Civic IMA); Honda Service-Rundschreiben; Rundschreiben – Nummer SR 04 _ 13 _ 031/2

vfdb- Merkblatt; Einsätze an Kraftfahrzeugen mit alternativen Antriebsarten und -kraftstoffen; Stand Oktober 2007

Leitfaden für Rettungsdienste Transporter 2008; Ausgabe 21.7.2008, Mercedes-Benz AG

GM HydroGen4; Kurzreferenz Rettungsleitfaden; Adam Opel GmbH; Stand: 1. April 2009

Leitfaden für Rettungsdienste PKW 2009; Stand: Mai 2009; Mercedes-Benz AG

Leitfaden für Rettungsdienste LKW 2012; Stand: Januar 2012; Mercedes-Benz AG

Einsatzhinweise für Unfälle mit alternativ angetriebenen Kraftfahrzeugen; Landesfeuerwehrschule Baden-Württemberg; Dekra

Toyota Prius; Hybridfahrzeug – Modell 2010 3. Generation; Sicherheitsmaßnahmen bei einem Pannen- oder Unfallfahrzeug; 2009 Toyota Motor Corporation

Produktunterlagen der Firma VTI-Ventiltechnik, Menden (Sauerland)

Produktunterlagen der Firma DYNETEK EUROPE GmbH; Breitscheider Weg 117b, 40885 Ratingen (Nordrhein-Westfalen)

Produktunterlagen der Firma Worthington Cylinders GmbH, Beim Flaschenwerk 1, A-3291 Kienberg bei Gaming/Austria

NABERT, SCHÖN, REDEKER: Sicherheitstechnische Kenngrößen brennbarer Gase und Dämpfe; 3., vollständig überarbeitete und erweiterte Auflage, Deutscher Eichverlag

Fachinformationen; TÜV Saarland Automobil GmbH, Competence Center for Alternative Fuels, Hartmanns Au, D-66119 Saarbruecken

Tomasetto Achille Spa, Castegnero (Vicenza) – ITALY, Tomasetto Multivalve Model AT 02 Installation Guide

Fachinformationen; ZVEI, Fachverband Batterien, Lyoner Straße 9, 60528 Frankfurt am Main

SilverDAT®-FRS Feuerwehrrettungsdatenblattsystem, DAT Deutsche Automobil Treuhand GmbH, Hellmuth-Hirth-straße 1, 73760 Ostfildern

Merkblatt Empfehlung für den Feuerwehreinsatz bei Gefahr durch Flüssiggas, Vereinigung zur Förderung des Deutschen Brandschutzes e.V. Postfach 1231, 48338 Altenberge

Wasserstoff und dessen Gefahren – Ein Leitfaden für Feuerwehren, Arbeitsgemeinschaft der Leiter der Berufsfeuerwehren Bund

Lösungen

Lösungen zu Kapitel 2.1: 1. a); 2. c) und d); 3. b); 4. b) und c)

Lösungen zu Kapitel 3.4: 1. b) und c); 2. b); 3. a) und c); 4. a) und c)

Lösungen zu Kapitel 4.4: 1. b); 2. a); 3. b); 4. b); 5. b)

Lösungen zu Kapitel 5.4: 1. a) und d); 2. b); 3. a), c) und d); 4. b), c), d) und e)

Lösungen zu Kapitel 6.4: 1. b); 2. b); 3. a), c) und d); 4. b), d) und e)